SCHÄRFEN

TIPPS FÜR ALLE SCHNEIDWERKZEUGE

RANDALL A. MAXEY

Leopold Stocker Verlag
Graz – Stuttgart

INHALT

Einleitung

Ein scharfes Werkzeug zu benutzen ist eine Freude. Ein Küchenmesser, das sauber und mühelos schneidet, sorgt für mehr Freude bei der Küchenarbeit. Gartenwerkzeuge mit scharfer Schneide erleichtern das Graben und Jäten. Bei Heim- und Holzwerken schneiden scharfe Stecheisen, Handhobel und Schnitzwerkzeuge für das ultimative Ergebnis sauber durch die Holzfasern.

Für die meisten von uns kann allerdings der Gedanke an das Schärfen der Werkzeuge, die wir verwenden, furchterregend sein. Welche Produkte brauche ich, um die schärfste Klinge zu erhalten? Welche Techniken führen zum besten Ergebnis? Wie kann ich wissen, dass die Schneidkante wirklich scharf ist? Kurz: Wir haben Angst, das Werkzeug bei dem Versuch, es zu schärfen, kaputt zu machen.

Die gute Nachricht: Jeder kann das Schärfen erlernen. Das Ziel dieses Buches ist es, zu erklären, was Schärfe wirklich ausmacht, und Ihnen ein paar einfache Werkzeuge und Techniken zu zeigen, die Sie anwenden können, um die schärfsten Klingen herauszubekommen. Sie erfahren mehr über die verschiedenen Methoden, um die passende für Sie und Ihren Geldbeutel zu finden. Sie erhalten alle Grundinformationen, die Sie brauchen, um garantiert Erfolg zu haben.

Bleiben Sie scharf!
Randy Maxey

ON
REMOVE TO LOCK

1

Erste Schritte

1:1

Schärfe verstehen

Die Absicht hinter diesem Buch ist es, zu zeigen, wie leicht es ist, das Schärfen von Werkzeug, Messern und anderen Gegenständen mit Klinge zu erlernen.

Einfach ausgedrückt lässt sich das Schärfen auf die Verwendung eines Schleifmittels zum Erhalt einer scharfen Schneide herunterbrechen. Doch bevor wir über das „Wie“ des Schärfens sprechen, müssen wir die Definition von Schärfe diskutieren.

Wir behandeln, was es für ein Werkzeug bedeutet, wirklich scharf zu sein, und warum stumpfe Werkzeuge bei dem Versuch, sie zu verwenden, Probleme verursachen. Alles lässt sich auf Mittelschulgeometrie zurückführen. Sie brauchen keinen Abschluss in Mathematik, um zu verstehen, was die Klinge eines Werkzeugs rasiermesserscharf macht. Schon das Grundlagenverständnis bringt Sie schnell auf Erfolgskurs beim Schärfen.

Ein schleifendes Schärfmedium, wie ein Wasserschleifstein, hilft, bei Messern und anderen Werkzeugen eine rasiermesserscharfe Schneide zu erhalten.

Schärfe und Stumpfheit

Sie haben sicher auch schon einmal ein Messer oder ein Stecheisen in die Hand genommen, um dann festzustellen, dass es nicht mehr so schnitt, wie es sollte. Kurz: Das Werkzeug war stumpf. Aber was bedeutet das?

Um den Unterschied zwischen Schärfe und Stumpfheit zu verstehen, sind einige Überlegungen über Geometrie notwendig. Wenn Sie zwei einander schneidende gerade Linien auf Papier zeichnen, überschneiden sich diese in einem Punkt.

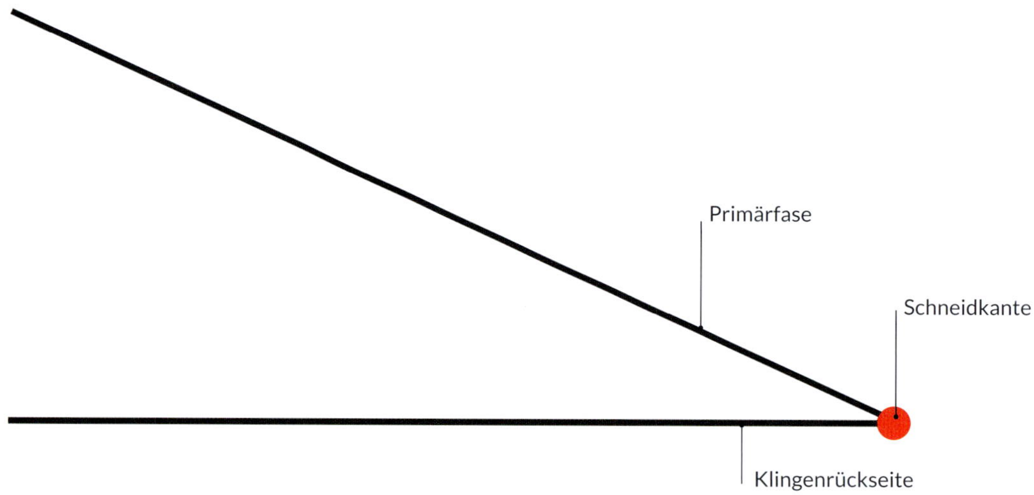

OBEN *Der Schnittpunkt zweier Linien ist ein einzelner Punkt im Raum.*

Wandeln Sie diese Linien nun in gerade Ebenen um, wird aus deren Schnittpunkt eine gerade Linie. Dieses Konzept ist grundlegend beim Verständnis davon, was Schärfe wirklich bedeutet.

Um diese Illustration noch etwas weiter auszuführen, sollten beim Blick auf die Schneidkante eines Messers oder Stecheisens diese Ebenen, die die Schneide bilden, theoretisch eine scharfe Linie bilden.

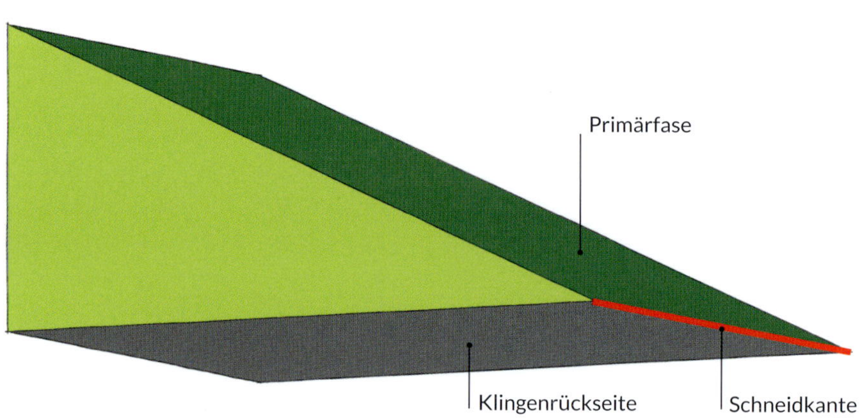

OBEN *An der Überschneidung zweier Ebenen entsteht eine gerade Linie.*

Wie wird ein Werkzeug stumpf?

Mit der Zeit nutzt sich eine scharfe Schneidkante ab und wird runder. Das ist natürlich und während der Lebenszeit eines Werkzeugs zu erwarten. Wie schnell dies geschieht, hängt von einigen Faktoren ab, etwa dem geschnittenen Material, der Stahlsorte der Klinge und der Art, wie das Werkzeug verwendet wird.

UNTEN *Eine Schneidkante wird durch Abnutzung stumpf und abgerundet.*

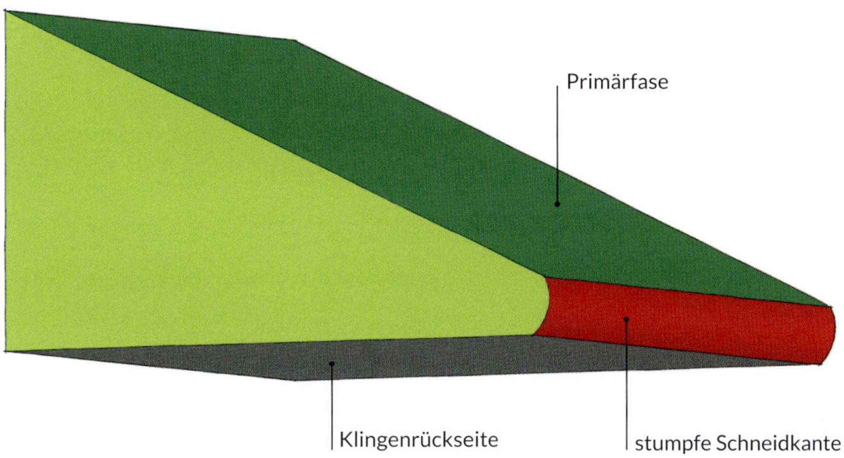

Stumpf ist gefährlich

Wahrscheinlich haben Sie schon einmal gehört, ein stumpfes Werkzeug sei gefährlicher als ein scharfes. Ein Grund dafür ist, dass ein stumpfes Werkzeug eher abrutscht als zu fassen oder in das Objekt, das Sie bearbeiten, hineinzuschneiden. Die abgerundete Kante kann nicht „greifen" und keinen sauberen Schnitt ausführen. Denken Sie an den Versuch, eine Tomate mit dem Messer zu schneiden. Mit einer schönen, scharfen Schneidkante gleitet die Klinge nahezu ohne Druck durch die Tomate. Ist sie stumpf, zerdrückt sie die Tomate, noch bevor sie zu schneiden beginnt. Manchmal rutscht die Klinge dabei über die Oberfläche der Tomate ab, anstatt zu schneiden.

Deshalb ist ein stumpfes Taschenmesser besonders besorgniserregend. Häufig wird damit ein Gegenstand geschnitten, den man mit der anderen Hand festhält. Ist die Schneidkante stumpf, wird natürlich mehr Druck auf das Messer ausgeübt, um überhaupt noch zu schneiden. Die stumpfe Schneidkante kann zum Abrutschen der Klinge führen, die dann stattdessen in das weiche Gewebe Ihrer Hand oder Finger gleitet.

Im Gegensatz dazu „beißt" sich ein scharfes Messer in den Gegenstand, den Sie schneiden wollen, und das sollte wenig Kraft erfordern. Die Verwendung eines scharfen Werkzeugs lässt sich immer besser berechnen und ist sicherer als die eines stumpfen. Dieser Punkt wird deutlicher, wenn Sie mehr Erfahrung beim Schärfen sammeln.

1:2 Fasenwinkel

Wir haben bereits gesehen, dass Schärfe sich durch die Überschneidung zweier Ebenen definiert. Der Winkel, in dem diese beiden Ebenen einander überschneiden, wird Fasenwinkel genannt. Einige Werkzeuge, wie etwa Stecheisen und Handhobeleisen, haben nur eine Fase. Anders ausgedrückt wird hier die Fase nur an einer Seite der Klinge gebildet. Die Klingenrückseite bildet die eine Ebene. Die Fase bildet die andere Ebene, die sich mit der Klingenrückseite schneidet, wodurch die Schneidkante entsteht. Sie lernen, wie wichtig es ist, diese einander schneidenden Oberflächen glatt und poliert zu halten.

Messer verfügen für gewöhnlich über beidseitige Klingen mit auf jeder Seite des Stahls geschliffenen Fasen. In diesem Fall steht der tatsächliche Fasenwinkel im Verhältnis zur Mittellinie der Klinge. Wo diese beiden Fasen einer Klinge einander schneiden, bildet sich die Schneidkante.

Eine abgefaste Schneidkante an einem Werkzeug bildet die Grundlage, um das Werkzeug für die optimale Leistung scharf zu halten.

Fasenwinkel und Funktion

Der Fasenwinkel wird durch den Verwendungszweck des Werkzeugs bestimmt. Messer verfügen meist über spitzere Winkel, die die Schneidkante formen. Der dünne, mit einer beidseitigen Fase geschliffene Stahl erzeugt eine rasierklingenscharfe Kante, ideal zum Schneiden. Geräte, die zum Hacken gedacht sind, wie etwa Hackmesser oder Äxte, werden für gewöhnlich aus dickerem Stahl und mit weniger spitzwinkligen Fasen gefertigt. Dies erzeugt eine stärkere Schneidkante, die besser für die Belastung des Hackens geeignet ist, was wiederum die Klinge eines dünneren Messers beschädigen könnte.

Dieselben Gestaltungsabsichten treffen auf Werkzeuge zur Holzbearbeitung zu. Um überschüssiges Holz zu entfernen, sind einige Stecheisenarten zum Schlagen mit einem Hammer konzipiert. Sie haben starke Schneiden mit weniger spitzwinkligen Fasen. Drehmeißel hingegen sind dafür gemacht, nur mit der Kraft, die von der Hand ausgeht, auszukommen, und zeichnen sich darin aus, Holzfasern in dünnen Scheiben abzutragen. Der kleinere Fasenwinkel erzeugt eine Messerklinge, die diese Aufgabe leichter gestaltet als traditionelle Stemmeisen.

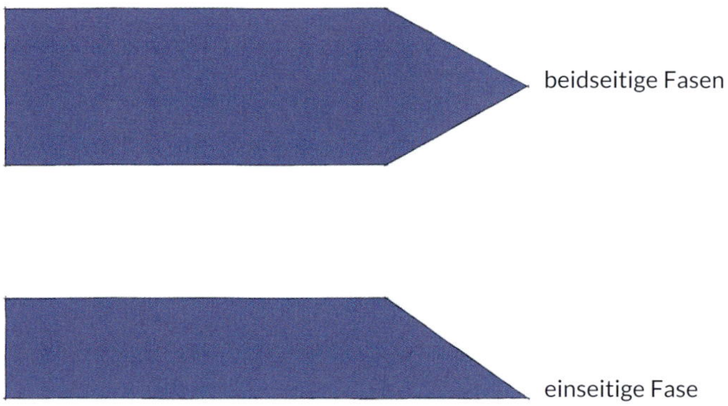

Einseitige Fase und beidseitige Fase: Einige Werkzeuge wie Meißel und Hobeleisen verfügen über einseitige Fasen. Messer werden für gewöhnlich mit beidseitigen Fasen geschliffen.

Klingenrückseite

Wenn ich das Schärfen von Werkzeugen wie Hobeleisen und Stechbeiteln lehre, denken die meisten an das Schärfen der Fase, was nur ein Teil auf dem Weg zu einer scharfen Schneidkante ist. Bedenken Sie, dass Schärfe sich durch den Schnitt zweier gerader Ebenen definiert.

Bei Werkzeugen mit einseitiger Fase ist es nicht nur die Planheit der Fase, die zählt. Auch die Klingenrückseite spielt eine Rolle für die Schärfe der Schneidkante. Sind Fase oder Klingenrückseite nicht richtig plan, ist es schwierig – wenn nicht sogar unmöglich –, eine scharfe, gerade Schneide zu erhalten. Bei Werkzeugen mit beidseitigen Fasen, etwa Messern, gibt es keine Klingenrückseite, da diese zur Schneidkante zählt – es geht rein um die Fasen.

In Abschnitt 2:1 führe ich Sie durch das Abrichten einer Stecheisenrückseite. In Abschnitt 2:2 nutzen Sie dieselbe Methode zum Planen der Rückseite eines Eisens (also einer Klinge) für den Handhobel.

Bei Werkzeugen mit einseitiger Fase und verbogener Klinge oder bei balligen oder konvexen Bereichen, wie bei diesem Meißel, gestaltet sich das Schärfen schwierig, solange nicht die Rückseite nahe der Schneidkante geebnet wird.

Primärfase

Ist bei Werkzeugen mit einseitiger Fase die Klingenrückseite plan, gilt es, sich auf die Fase zu konzentrieren. Bei beidseitigen Fasen geht es bei der Schärfe nur um die Linie, die sich am Scheitel der beiden Fasen bildet. Das Schärfen der Fase bringt uns in Bezug auf Schärfe auf die Zielgerade. Unser Ziel ist es theoretisch, eine unendlich dünne Linie an der Schneidkante zu erzeugen.

In Abschnitt 1:4 erfahren Sie, dass es eine große Bandbreite an Schleif- und Hilfsmitteln gibt, die Sie zum Werkzeugschärfen verwenden können.

Mit zunehmender Erfahrung werden Sie feststellen, was Schärfe bedeutet und wann ein Werkzeug gewartet werden muss.

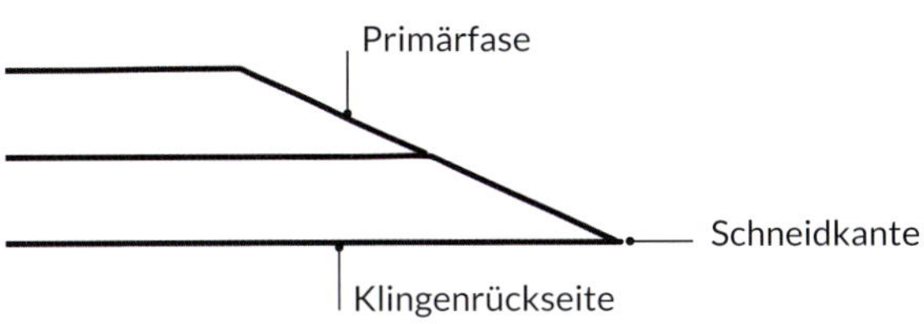

Beim Schärfen dreht sich alles darum, die Schneidkante so dünn und gerade wie möglich zu halten.

Die Rückseite und die Fase dieses Stemmeisens wurden geebnet und die Fase zu einer scharfen Kante geschliffen.

Schleifen vs. Abziehen (Feinschliff)

Manchmal hört man zwei Begriffe, die oft synonym verwendet werden, nämlich Schleifen und Abziehen. Sie bedeuten jedoch nicht dasselbe.

Im Sinne dieses Buchs betrachte ich als Schleifen den anfänglichen Prozess des Formens und Verfeinerns der Schneidkante. Das Abziehen ist ein zweiter Arbeitsschritt, bei dem die Klinge rasiermesserscharf poliert wird. Barbiere verwenden oft Abziehleder, die mit einem feinen Poliermittel versehen sind, um ihre Rasiermesser abzuziehen.

Bei der Verwendung Ihres Werkzeugs entwickeln Sie ein Gefühl dafür, wann es nicht mehr so gut schneidet wie eingangs. Die Klinge durch das Abziehen mit einem feinen Schleifmittel auszubessern ist oft alles, was notwendig ist. Es ist leicht und schnell gemacht und Sie können direkt weiterarbeiten. Ist die Schneidkante irgendwie beschädigt, müssen Sie sie wieder schleifen und erneut abziehen.

1:3
Stahlsorten

Keine Abhandlung über das Schärfen ist komplett, ohne wenigstens die Stahlsorten zu erwähnen. Werkzeug- und Messerproduzenten haben Jahrzehnte, ja in einigen Fällen Jahrhunderte aufgewendet, um die Bestandteile und den Prozess der Stahlherstellung zu verfeinern. Weltweit gibt es mehr als 3500 unterschiedliche Stahlsorten. Zum Glück gibt es nur ein paar grundlegende Arten, die sich auf die Werkzeuge und Ausrüstungsgegenstände aus diesem Buch anwenden lassen.

In diesem Abschnitt behandle ich die häufigsten Stahlsorten, mit denen Sie wahrscheinlich in Kontakt kommen werden. Dies soll keine wissenschaftliche metallurgische Dissertation werden, sondern eine kurze Übersicht, die zum Schärfen dazugehört.

Stahl wird in einem Ofen geschmolzen und in Bahnen zur Weiterverarbeitung zu Werkzeugkomponenten wie Messern, Stecheisen und Hobeln zusammengerollt.

Die Herstellung von Stahl

Lassen Sie uns zuerst betrachten, wie der Stahl für Werkzeuge mit Klingen hergestellt wird. Unabhängig von der chemischen Zusammensetzung werden Eisen und andere Zusätze in einem Hochtemperaturofen geschmolzen. Solange die Mischung gießbar ist, kann sie geschmiedet, gegossen, zu Bahnen gewalzt oder in andere Formen gebracht werden. Manchmal wird sie zu Knüppeln gegossen, die später kalt zu Blech gewalzt werden können.

Metalle für Werkzeuge und Messer werden vom Hersteller oder Werkzeugmacher weiterverarbeitet. Ist eine Klinge einmal auf eine grobe Version ihrer endgültigen Form und Größe zugearbeitet, durchläuft sie eine Hitzebehandlung, um den Stahl zu härten. Dieser wird auf eine hohe Temperatur erhitzt und dann schnell zum Abschrecken in Öl oder Wasser getaucht. Dies härtet den Stahl, sorgt aber auch dafür, dass er ziemlich spröde wird. Ein zweites, leichteres Erhitzen und anschließendes langsames Abkühlen sorgen für einen weniger spröden Stahl, der eine geeignete Härte und Widerstandsfähigkeit für den ihm zugedachten Zweck aufweist.

Stahlsorten

Beim Werkzeugkauf stolpert man bei Stahlbezeichnungen über einen Buchstabensalat wie etwa Cr-V, O1, A2 und Ähnliches. Sie beziehen sich schlichtweg auf die Stahlart, aus der die Klinge gefertigt wurde. Unten stehend behandele ich die häufigsten Werkzeugstahlsorten.

Chrom-Vanadium-Stahl

Beim Gang durch einen Werkzeugfachmarkt finden Sie wahrscheinlich etwa bei Schraubenschlüsseln „Cr-V“ oder „Chrom-Vanadium“ stolz in das Produkt gestanzt. Dieser Stahl ist sehr korrosionsbeständig und typischerweise härter als gewöhnliche Stahlsorten für Schneidwerkzeuge. Diese Eigenschaften machen ihn zu einer tollen Wahl für Werkzeuge wie Schraubenschlüssel und Zangen. Je nach Vanadiummenge im Stahl ist Cr-V-Stahl keine gute Wahl für Werkzeuge, die eine scharfe Schneidkante erfordern: Aufgrund seiner großen Karbidpartikel kann sich das Schärfen und Erhalten der Schneide einer Klinge aus Cr-V-Stahl als schwierig gestalten.

Mechanikerwerkzeuge werden oft aus Chrom-Vanadium-Stahl hergestellt.

O1

Stahlsorten mit höherem Kohlenstoffgehalt sind für Messerklingen und Holzbearbeitungswerkzeuge besser geeignet, da sie eine Schneidkante beibehalten, wenn sie einmal geschliffen sind. Eine der bekanntesten hochfesten Kohlenstoffstahlsorten trägt die Kennzeichnung „O1" (Werkstoffnummer 1.2510), was bedeutet, dass er während der Hitzebehandlung mit Öl abgeschreckt wurde. Dies führt zu einem harten Stahl, der sich leicht zu einer feinen und robusten Schneidkante schärfen lässt. Wird die Schneide stumpf, ist sie schnell abgezogen und die Arbeit kann weitergehen.

Ich habe ein sehr altes Taschenmesser mit Klingen aus hochfestem Kohlenstoffstahl. Die Schneiden haben dunkle Flecken und sind wohl auch etwas verrostet, aber die Schneidkante wird immer noch beeindruckend scharf.

O1-Stahl kann mit jedem Schleifmittel geschärft werden, etwa mit Wasser-, Diamant- und Keramikschleifsteinen.

Die Schneide eines Handhobels mit Hobeleisen aus O1-Stahl lässt sich leicht schärfen.

Dieses alte Taschenmesser hat Kohlenstoffstahlklingen, die trotz ihrer Verfärbungen und Flecken im Stahl immer noch eine scharfe Schneide haben können.

A2

Eine weitere, vor allem unter Holzwerkern beliebte Stahlsorte ist A2-Werkzeugstahl (Werkstoffnummer 1.4301). Wie der Buchstabe „A" schon andeutet, wird er an der Luft (engl. „air") gehärtet, statt in Wasser oder Öl abgeschreckt zu werden. Dies ergibt einen harten Stahl, bei dem eine Schneidkante beständiger ist als bei O1-Stahl. Die kryogene Behandlung, also den Stahl Temperaturen von -195 °C auszusetzen, erzeugt kleine Karbidpartikel im Stahl, die sehr widerstandsfähig sind. A2-Stahl ist an der Schneidkante halt- und belastbarer als O1-Stahl.

Es ist anzumerken, dass A2-Stahl wegen der größeren Teilchen in der Stahlstruktur niemals eine so feine Schneidkante bekommen kann wie O1-Stahl. „Schärfe" ist relativ, und viele Holzwerker nehmen dieses geringe Manko als Preis für eine länger haltbare Schneide als aus O1-Stahl hin. Wenn Sie mit vielen exotischen Hölzern mit hohem Kieselsäuregehalt arbeiten, ist A2-Stahl für Stechbeitel und Hobel eine hervorragende Option. Das Schärfen ist etwas mühsamer als bei O1-Stahl und nutzt die herkömmlichen Schleifwerkzeuge stärker ab. Auch wenn Sie hochwertigere Wasserschleifsteine verwenden können, sind Diamantwetzsteine die bessere und beständigere Wahl, wenn Sie regelmäßig A2-Stahl schärfen.

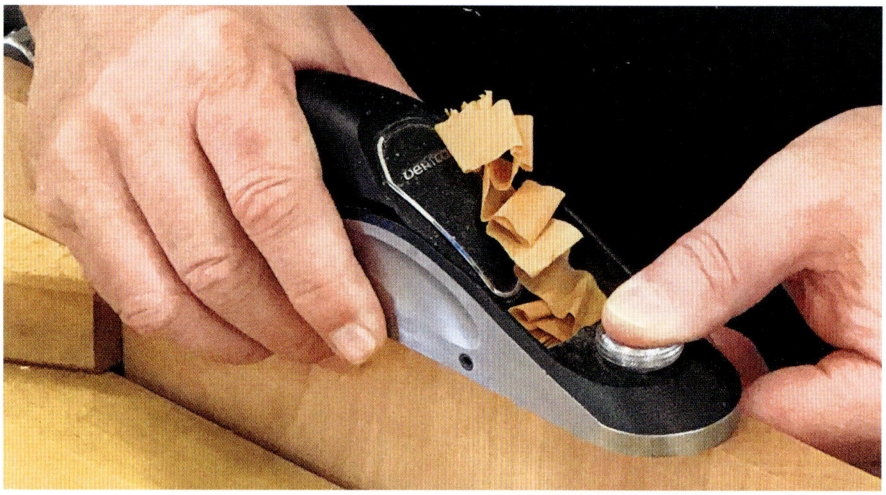

Wenngleich A2-Stahl auf mikroskopischer Ebene nicht so scharf wird wie O1-Stahl, kann er dennoch scharf genug geschliffen werden, um durch Hirnholzfasern zu schneiden.

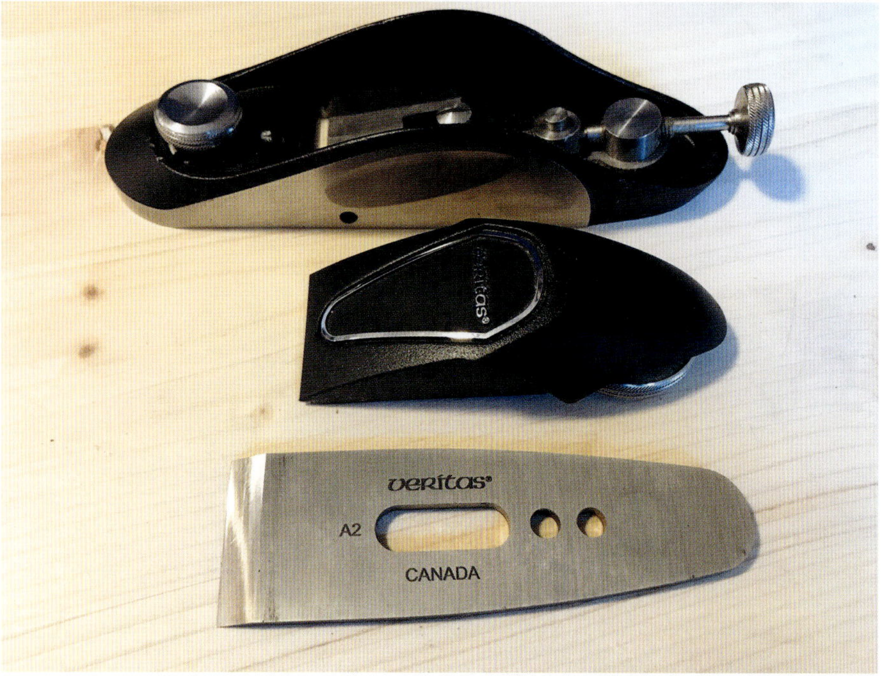

Schneiden aus A2-Stahl sind etwas beständiger als solche aus O1-Stahl und an vielen Hobeln und Stecheisen zu finden.

Schnellarbeitsstahl (HSS-Stahl)

Schnellarbeitsstahl (HS- oder HSS-Stahl) wurde ursprünglich so konzipiert, dass die Schneidkante Anwendungen, bei denen das Objekt großer Hitze ausgesetzt ist (z. B. Bohren oder Metallzerspanung) standhält. Seine Vorzüge sind große Härte und hohe Verschleißfestigkeit bei stabiler Schneidkante. Manchmal ist diese spezielle Stahlsorte mit M1, M2, M7 usw. gekennzeichnet. Die meisten Bohrer sind aus HSS-Stahl. Die Zugabe von Kobalt sorgt für die höhere Hitzebeständigkeit.

Abgesehen von Holzbohrern, die für gewöhnlich aus HSS-Stahl sind, findet er auch bei Drechselwerkzeugen Verwendung. Beim Drechseln führt die Reibung zum Erhitzen der Schneidkante. Bei einem gewöhnlichen Kohlenstoffstahlwerkzeug würde die große Hitze die Härte des Stahls ruinieren. HSS-Werkzeuge können in dieser Hitze bestehen, ohne die Schneidkante zu verlieren.

Wenn Sie versuchen, Schnellarbeitsstahl zu schleifen, ist es am besten, Diamantschleifwerkzeuge oder spezielle Schleifscheiben aus kubischem Bornitrid zu verwenden.

Cr-Mn

Chrom-Mangan-Stahl ist eine weitere stark kohlenstoffhaltige Legierung, die jedoch eine andere Wärmebehandlung durchläuft. Anstatt erhitzt, schnell in Wasser oder Öl abgeschreckt und dann gehärtet zu werden, wird Cr-Mn-Stahl einer speziellen, langsameren isothermischen Härtungsmethode unterzogen.

Der Stahl wird in einem Bad aus geschmolzenem Salz bei 200 °C abgeschreckt und damit durchweicht, bis sich die für den Stahl gewünschte Kristallstruktur vollständig ausgeformt hat, und dann in einer Wasserdusche auf Raumtemperatur heruntergekühlt. Dieser streng kontrollierte Vorgang ergibt einen Stahl mit feiner, gleichmäßiger Körnung, die dafür sorgt, dass er Kanten sehr gut aufnimmt und beibehält.

Cr-Mn-Stahl enthält nicht genug Chrom, um nicht zu rosten, weshalb ein Abwischen mit Öl das Werkzeug rostfrei hält, insbesondere in feuchten Umgebungen.

Zum Schärfen von Cr-Mn-Stahl können Sie die gleichen Schleifmittel und -werkzeuge benutzen wie für jeden anderen Kohlenstoffstahl. Das Schleifen und Abziehen von Cr-Mn-Stahl führen zu einer langlebigen scharfen Klinge.

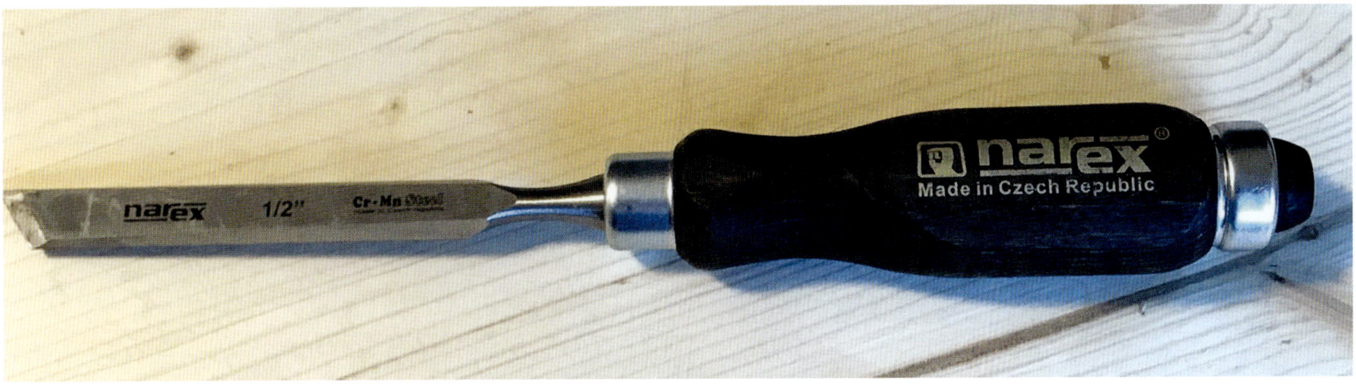

Diese Stemmeisenklinge wurde aus Chrom-Mangan-Stahl gefertigt. Die spezielle Wärmebehandlung sorgt für einen starken, widerstandsfähigen Stahl mit haltbarer Schneidkante.

Pulvermetallurgischer Stahl (Pulverstahl/Sinterstahl)

Die Verwendung von Metallpulverlegierungen für Holzwerkzeuge ist eine junge Innovation. Sie werden anders als traditioneller Stahl hergestellt. Der Stahl hat einen höheren Vanadiumgehalt. Vanadiumkarbidpartikel haben den Vorteil, dass sie sehr klein und recht widerstandsfähig sind. Vanadiumreicher geschmolzener Stahl wird in eine Vakuumkammer gesprüht, wo die Partikel abkühlen. Das so entstandene Pulver wird komprimiert und bei großer Hitze und hohem Druck gesintert, bis es als Blech aufgerollt werden kann. Dieser vanadiumreiche Stahl hat eine viel geringere Partikelgröße als andere Stahlsorten, was ihn attraktiv für Messerschmiede und Werkzeugmacher macht, da er zu einer feinen, langlebigen Schneide geschliffen werden kann.

Schneidwerkzeuge aus Pulverstahl sind nicht so verbreitet wie Werkzeuge aus Kohlenstoffstahl, aber ein Holzwerkzeugproduzent, Lee Valley Tools, bietet ihn als Option für Handhobel und Stemmeisen an und verwendet ein firmeneigenes Pulvermetall mit der Kennzeichnung PM-V11 auf seinen Werkzeugen der Marke „Veritas“.

Diesen Hobel zeichnet ein Eisen aus Pulvermetall aus. Seine scharfe Kante ist langlebiger als einige andere Stahlsorten.

Die Kosten für PM-V11-Stahl sind nur unwesentlich höher als für O1-Stahl, doch er bietet einige klare Vorteile. Wie bereits zuvor erwähnt kann er aufgrund seiner geringeren Partikelgröße in der Stahlmatrix rasiermesserscharf geschliffen werden. Der Stahl ist haltbarer als O1- oder A2-Stahl. Er ist nur etwas schwerer zu schärfen als O1, dafür hält die Schneidkante länger.

Sie können alle konventionellen Schleifmittel für PM-V11-Stahl verwenden, aber ich empfehle hochwertige Wasser- oder Diamantschleifsteine.

Pulvermetallene Hobeleisen lassen sich für eine rasiermesserscharfe Klinge mit konventionellem Schleifwerkzeug schärfen.

Rostfreier Stahl

Zur Stärkung gegen Rost und Korrosion mengen Stahlhersteller Chrom und Nickel bei, um zu erzeugen, was wir als rostfreien Stahl kennen. Auch wenn dieser für Anwendungsfälle, wo er Nässe oder ätzenden Umgebungen ausgesetzt ist, großartig geeignet ist, ist er nicht so gut darin, Werkzeug- und Messerklingen lange scharf zu halten. Einige Messerproduzenten versuchen, dies durch die Beigabe größerer Kohlenstoffmengen auszugleichen. Auch wenn dies die Schärfbarkeit des Werkzeugs leicht verbessern mag, wird er nie so scharf oder beständig an der Schneidkante werden wie ein hochfester O1-Kohlenstoffstahl oder ein A2-Stahl.

Es gibt viele billige Messer aus rostfreiem Stahl. Die Hersteller wollen, dass ihre Produkte im Regal das schönste Erscheinungsbild ohne Rostflecken haben. Es ist möglich, höherwertige Exemplare zu schärfen. Dennoch ziehe ich Messer mit höherem Kohlenstoffgehalt vor, die sich leichter rasiermesserscharf schleifen lassen. Bei Werkzeugen zur Holzbearbeitung lasse ich die Finger von rostfreiem Stahl.

Karbid

Wolframkarbid ist ein verbreitetes Material für Werkzeuge zur Holzbearbeitung, wie etwa Sägeblätter und Fräser. Auch in einigen Messerschärfern findet man es. Es ist extrem hart und widerstandsfähig und kann auch den hohen Temperaturen beim Schneiden und Fräsen von Holz widerstehen.

Karbid wird ähnlich wie die oben genannten Pulvermetalle hergestellt. Wolframkarbidpartikel werden mit Bindemitteln und Wachs gemischt, um grob ihre endgültige Form anzunehmen. Diese Teile werden gesintert oder bei sehr hohen Temperaturen im Vakuum erhitzt, um alle Komponenten miteinander zu verbinden.

Karbid ist teuer in der Herstellung, weshalb es nur in kleinen Mengen für die Ausformung der Schneidkanten von Sägeblättern und Fräsern verwendet wird. Außerdem lässt es sich nur schwer schärfen – Diamantschleifwerkzeuge sind die einzige wirkliche Option dafür. Beim genaueren Blick auf die Schneidkante eines Karbidwerkzeugs bemerken Sie einen großen Schneidwinkel. Das liegt daran, dass Karbid sehr spröde ist und der größere Winkel hilft, die Schneidkante zu verstärken.

Wie gesagt, wenn es darum geht, Karbidwerkzeuge – wie Fräser – zu schleifen, sind Diamantschleifsteine Ihre einzige Option (siehe S. 37).

Karbidstahl wird oft für Fräser und Sägeblätter eingesetzt. Karbid bildet eine harte Kante, die viel länger scharf bleibt als Werkzeugstahl.

Japanischer Werkzeugstahl

Viele japanische Werkzeuge, darunter Messer, Handhobel und Stecheisen, folgen einer jahrhundertealten Metallverarbeitungstradition. Alte Samuraischwertschmiede lernten eine Methode der Metallbearbeitung und des Schmiedens, die einige Werkzeughersteller bis heute anwenden.

Sie schmieden gefalteten Stahl, der mit einer Schicht hochfesten Kohlenstoffstahls zum Bilden der Schneidkante beginnt. Weicherer Stahl wird dann mit weicherem Eisen gefaltet, um die kohlenstoffreiche Schicht zu stärken, damit die Klinge weniger spröde wird. Jede Klinge wird per Hand von einem Meisterklingenschmied geschmiedet.

Noch heute finden Sie in Japan von Meisterhand gefertigtes Werkzeug. Sie können Hunderte Euro für ein Stecheisen oder einen Handhobel eines renommierten Handwerkers ausgeben. Zum Glück gibt es kostengünstigere Optionen aus Massenproduktion, doch einige Puristen bestehen auf dem Besten von den berühmtesten Schmieden.

Ein originales japanisches Hobeleisen wird traditionell mit hochwertigen Wasserschleifsteinen geschärft. Keramikwassersteine sind ebenso beliebt. Einige Holzwerker glauben, dass guter japanischer Stahl schärfer geschliffen werden könne als andere Stahlsorten.

Bei genauerem Hinsehen können Sie die Faltung des Stahls dieser japanischen Stechbeitel und Hobeleisen sehen.

Bei diesem japanischen Handhobel kommt eine gefaltete Stahlklinge zum Einsatz. Traditionellerweise wurden diese von hoch qualifizierten Schmieden gefertigt.

ACME
Dia-Sharp
3 MICRON 6000 MESH

1:4
Werkzeug und Zubehör

Wenn Sie das Schärfen und Abziehen auf das Wesentliche reduzieren, geht es um die Verwendung eines Schleifmittels, um Metall zu entfernen. Dieses Schleifmittel kann in zahllosen Formen und Gestalten auftreten. Rechnet man diesen das riesige Angebot an Spannvorrichtungen sowie Zubehör und Maschinen hinzu, die von sich behaupten, das Schärfen zu erleichtern, schwirrt einem der Kopf vor lauter Produkten, die einem das Geld aus der Tasche ziehen, noch bevor man es überhaupt bemerkt.

In diesem Abschnitt behandele ich das grundlegende Zubehör, das Sie zum Schärfen in Betracht ziehen sollten. Es gibt so viele Produkte, dass es regelrecht verwirrend ist, aussuchen zu wollen, was gekauft und zum Schärfen von Werkzeugen und Messern verwendet werden soll. Ich schlüssele die Kategorien der Schleifmittel und Schärfgerätschaften auf, damit Sie sich mit einigen davon vertraut machen können.

Diese Musterstücke an Schärfzubehör sind nur ein kleiner Teil dessen, was erhältlich ist.

Wahl des Schleifmittels

Wenn Sie gerade erst mit dem Schärfen beginnen und im Begriff sind, Produkte zu kaufen, helfen zwei Anhaltspunkte, an die ich mich halte: Kosten und Haltbarkeit des Schleifmaterials. Dabei gibt es einen Kompromiss: Günstige Schleifmittel halten meist nicht so lange wie teurere Varianten. Haltbarere Lösungen kosten oft mehr. Für Einsteiger ist es in Ordnung, im unteren Preissegment anzufangen, bis Sie ein bisschen mehr Übung in der Anwendung der richtigen Schärfmethoden und -techniken haben. Dann können Sie je nach Budget auf besseres Equipment umsteigen.

Ein Wort zur Korngröße

Vor der Besprechung der Schleifmittel müssen wir die Korngrößen behandeln. Unabhängig von Ihrem Schleifmittel sollten Sie die verschiedenen Körnungen kennen, die es gibt.

Mit der Korngröße ist die Durchschnittsgröße der Schleifpartikel gemeint, die in unserem Schleifmittel zur Anwendung kommen. Es gibt zahlreiche Materialien, die zur Herstellung von Schleifpartikeln verwendet werden, doch ihre Größe ist eine gängige Bezugsgröße.

Die unten stehende Tabelle zeigt die Relation von Korngröße und Mikrometern. Leider nutzen Hersteller oft unterschiedliche Systeme zum Kennzeichnen der Korngrößen. Ihr Nummernsystem passt eventuell nicht zu dem hier gezeigten. Einige verwenden nur Bezeichnungen wie „grob“, „mittel“, „fein“ etc. Wo möglich, suchen Sie das Mikrometer-Äquivalent; Mikrometer sind eine universell anerkannte Einheit für Partikelgrößen.

Ohne die verschiedenen internationalen Standards für Schleifpartikelgrößen genauer zu beleuchten sei gesagt, dass gröbere Schleifmittel mit größeren Partikeln zur schnellen Entfernung von Material dienen. Beim Schärfen sind sie der Reparatur beschädigter, schartiger oder extrem stumpfer Schneidkanten vorbehalten.

Lassen Sie sich nicht von der Auswahl am Schleifsektor erschlagen. Beginnen Sie mit einer Grundausstattung und erweitern Sie diese mit der gesammelten Erfahrung nach Ihren Bedürfnissen.

Mikrometer (1/1000 mm)	Körnung
162	P100
100	P150
68	P220
35	P400
26	P600
22	P800
18	P1000
15	P1200
12	P1500
10	P2000
3	P4000
1,2	P8000

Die grobe Körnung dieses Wasserschleifsteins macht das Neuformen einer Schneidkante zu einer schnellen Angelegenheit.

Die kleineren Schleifpartikel auf diesem Wasserschleifstein schaffen eine spiegelglatte Politur für schärfste Klingen an Ihrem Werkzeug.

Diese Schleifmittel hinterlassen tiefe Kratzer („Riefen") im Metall, die mit feineren Schleifmitteln entfernt werden müssen.

Feinkörnige Schleifmittel sind mit ihrer kleineren Partikelgröße zum abschließenden Abziehen und Polieren der Schneidkante gedacht. Ihre Aufgabe ist das Entfernen von Riefen, die durch gröbere Körnungen verursacht wurden. Ist ein Werkzeug ordentlich geschärft, wird die Klinge regelmäßig mit der feineren Körnung abgezogen oder ausgebessert.

Beim Schärfen hat man am besten ein breites Spektrum an Korngrößen zur Verfügung. Oft werde ich gefragt: „Woher weiß man, mit welcher Körnung man beginnen soll?" Die Antwort ist gar nicht so leicht, wie es scheint: Das hängt vom Zustand der Klinge des Werkzeugs, Ihrer Erfahrung und Ihrer Ausrüstung ab.

Ich beginne gern mit einer Korngröße, mit der sich die Schneide relativ schnell neu formen und wiederherstellen lässt. Allerdings kann eine zu grobe Körnung mehr Arbeit für feinere Korngrößen beim Entfernen der vom Schleifmittel hinterlassenen Riefen bedeuten. Ich beginne oft mit mittlerer oder feiner Körnung und beobachte genau, wie die Schneide sich entwickelt. Ist es viel Arbeit, sich an eine scharfe Schneidkante anzunähern, wechsele ich zu einer gröberen Körnung und arbeite mich durch feinere Korngrößen, hin zu einer polierten Schneide.

Der Arbeitsvorgang für eine fertige, scharfe Schneide ist wichtig. Jede Körnung sollte die Kratzer der vorangegangenen gröberen mit wenig Aufwand entfernen. Hier Zeit zu sparen, indem man von einer gröberen zu einer sehr feinen Korngröße wechselt, führt nur zu mehr Arbeit und enttäuschenden Ergebnissen.

Ich empfehle mindestens vier Korngrößen für die besten Resultate:

220–400 (68–35 Mikrometer)
600–1000 (26–18 Mikrometer)
1500–2000 (12–10 Mikrometer)
4000–8000 (3–1,2 Mikrometer)

Liegt dies anfangs außerhalb Ihres Budgets, sind die mittleren beiden Körnungsbereiche (600–2000) eine gute Basis.

Mit einer großen Bandbreite an Körnungen von sehr grob bis superfein können Sie mit diesen Diamantschleifsteinen die meisten Schärfaufgaben bewältigen.

Schleifpapier

Als ich mit meinem Holzwerkerhobby begonnen habe, habe ich den kostengünstigen Weg gewählt und Nass-/Trockenschleifpapier zum Schleifen verwendet. Sie können normales Schleifpapier verwenden, aber Nass-/Trockenschleifpapier gibt es mit einer größeren Bandbreite an Korngrößen, und es hält lange. Schleifpapier ist leicht in den meisten Baumärkten und Werkläden erhältlich. Die feinsten Körnungen (2000 und feiner) finden Sie dort, wo es auch Reparaturbedarf für Autokarosserien gibt.

Schleifpapier ist in der größten Bandbreite an Körnungen erhältlich. Nass-/Trockenschleifpapier ist eine günstige Option für viele Schleifaufgaben und eine großartige Alternative für Anfänger – oder wenn Sie nur über ein kleines Budget verfügen. Einige Schleifblätter enthalten Diamantpartikel, die nur den Bruchteil eines Mikrometers messen. Sie werden zum Polieren genutzt.

Verwenden Sie Nass-/Trockenschleifpapier zum Schärfen von Werkzeugen, wie etwa Stemmeisen und Hobeleisen, ist es wichtig, eine ebene Oberfläche für das Schleifpapier zu haben. Sie können ein Stück Glas, MDF (mitteldichte Faserplatte) oder eine Granitfliese (300 x 300 mm) aus dem Baumarkt verwenden. Was auch immer Sie nehmen, es sollte glatt und eben sein.

Wie der Name schon impliziert, kann Nass-/Trockenschleifpapier trocken oder mit einem Spritzer Wasser verwendet werden. Ich finde es einfacher, es trocken anzuwenden. Die Verwendung von Wasser bringt das Papier eher dazu, sich einzurollen, was ein ordentliches Schärfen der Schneidkante beeinträchtigen kann.

Sie können das Schleifpapier mit Klebeband oder einem leichten Sprühkleber befestigen. Ist es befestigt, können Sie es zum Schärfen Ihrer Werkzeuge nutzen.

Schleifblätter sind auch praktisch für andere Schärfaufgaben. Sie können ein kleines Stück um einen Stift wickeln, um Meißel und andere Werkzeuge mit gerundeter Schneidkante zu schleifen. Blätter mit feinerer Körnung sind ideal, um die Schneiden von Schnitzwerkzeugen auszubessern.

Einige Poliermittel werden mit einem selbstklebenden Polyesterfilm an der Rückseite hergestellt. Auf einem flachen Untergrund angebracht ergeben sie eine schnelle Oberfläche zum Polieren einer Schneide. Aufgrund ihrer Biegsamkeit sind sie auch hervorragend zum Abziehen gebogener Schneiden geeignet.

Einfache Sperrholzgrundflächen mit Hartfaserleisten tragen ein 6,25 mm dickes Glas. Es mit selbstklebendem oder mit Sprühkleber versehenem herkömmlichen Schleifpapier zu bekleben erzeugt einen kostengünstigen, erneuerbaren Schleifstein.

Diese Granitarbeitsfläche wurde mit hoher Genauigkeit entworfen und angefertigt, um als ebene Referenzfläche genutzt zu werden. Sie ist eine ideale Oberfläche für Schleifpapier als Schärfmittel.

Schleifsteine

Das Schleifmittel, das am häufigsten zum Schärfen verwendet wird, hat die Form eines rechteckigen „Steins". Diese natürlichen oder menschengemachten Steine gibt es in einer Vielzahl an Formen und Größen. Zum Schärfen von Messern und Werkzeugen zur Holzbearbeitung, wie etwa Stechbeiteln oder Handhobeln, werden meist rechteckige Schleifsteine verwendet. Sie sind in vielen Körnungen erhältlich.

Wie bei der Verwendung von Schleifblättern auf flachem Untergrund ist es wichtig, dass die Oberfläche des Steins plan ist. Dies sorgt für eine gerade und rasiermesserscharfe Schneidkante. Es ist schwierig, wenn nicht sogar unmöglich, eine scharfe Kante zu erhalten, wenn Sie einen abgenutzten oder ausgehöhlten Stein verwenden. Es gibt spezielle Steine und unterschiedliche Methoden, mit denen Sie Ihren Stein gerade halten können.

Ölschleifsteine

Als ich noch ein Junge war, zogen mein Großvater und mein Vater oft einen Ölschleifstein hervor, gaben ein paar Tropfen Nähmaschinenöl darauf und schärften ihre Taschenmesser. Ölschleifsteine werden seit Jahrhunderten zum Schleifen von allerlei Werkzeugen verwendet.

Sie sind Natursteine, die behauen und zugeschnitten werden, wobei es mittlerweile auch Varianten aus der Fabrikherstellung gibt. Arkansassteine sind eine Sorte, die nach ihrer Abbauregion in den USA benannt wurde. Es gibt sie in zwei Kategorien: hart und weich. Weiche Arkansassteine schleifen schnell, nutzen sich aber auch schneller ab, während harte Arkansassteine langsamer schleifen und eine stärker polierte Schneidkante hinterlassen. Ölschleifsteine funktionieren am besten mit Öl als Schmiermittel. Die Verwendung eines trockenen Ölschleifsteins führt dazu, dass er durch die Metallpartikel glatt wird, was die Schleifwirkung des Steins verhindert.

Um einen Ölschleifstein plan zu halten und etwaige Metallspuren zu entfernen („abzurichten"), ist grobes Nass-/Trockenschleifpapier auf einer geraden Oberfläche, z. B. Glas oder einer Granitfliese,

Schleifsteine wie diese werden häufig verwendet und sind leicht zu finden.

ein guter Tipp. Kerosin ist ein gutes Reinigungs- und Schmiermittel während des Abrichtens. Legen Sie den Stein einfach mit der Vorderseite nach unten auf das Schleifpapier und bewegen Sie ihn kreisförmig, bis die Vorderseite des Steins über die gesamte Oberfläche eine gleichmäßige Farbe angenommen hat.

Wenn Sie Zugang zu einem groben Diamantschleifstein haben, können Sie Ihren Ölschleifstein auch damit abrichten.

Nach der Verwendung des Ölschleifsteins wischen Sie überschüssiges Öl mit einem Tuch oder einem Stück Küchenrolle ab. Wenn Sie einen gebrauchten Ölschleifstein kaufen oder einen besitzen, der über und über mit Ölrückständen verschmiert ist, eignet sich ein kommerzielles Produkt wie WD-40 und Stahlwolle als Schmutzlöser. Kerosin funktioniert hier ebenso, stinkt aber und muss an einem gut belüfteten Ort verwendet werden. Bei stark verschmutzten Steinen führt manchmal der Geschirrspüler zum Erfolg. Das Waschmittel löst den Schmutz, während das heiße Wasser ihn abwäscht und hilft, die Poren des Steins zu öffnen. Es ist wichtig, den Stein langsam auf Umgebungstemperatur abkühlen zu lassen, damit er nicht springt.

Wasserschleifsteine

Eine beliebte, heute gebräuchliche Schleifsteinart ist der Wasserschleifstein. Künstlich hergestellt ist er weiter verbreitet als in seiner natürlichen Form – und für gewöhnlich günstiger. Wie der Name schon sagt, funktionieren Wasserschleifsteine am besten, wenn sie mit Wasser befeuchtet werden. Manche Steine müssen vor der Verwendung einige Minuten in Wasser eingeweicht werden, andere brauchen nur ein, zwei Spritzer Wasser. Es ist wichtig, den Herstellerempfehlungen in der Gebrauchs- und Pflegeanweisung zu folgen, um die Lebensdauer des Steins zu verlängern.

Wasserschleifsteine können aus einer Vielzahl an Schleifpartikeln hergestellt werden. Diese werden mit einem Bindemittel gemischt, um die Steinform zu erhalten. Dieser Vorgang stellt sicher, dass die Schleifpartikel gleichmäßig über den gesamten Stein verteilt sind. Mit dem Abrieb des Steins muss man keine Kompromisse in der Schleifqualität eingehen.

Wasserschleifsteine verfügen über die wahrscheinlich größte Bandbreite in der Korngröße. Außerdem kann man mit ihnen sehr schnell schleifen. Die Kehrseite davon ist allerdings, dass sie sich

Ölschleifsteine haben eine jahrhundertealte Tradition als das Schleifmittel schlechthin.

Wasserschleifsteine sind immens populär und in vielfältigen Arten und Korngrößen erhältlich. Sie sind eine gute Einsteigerlösung zum Schärfen.

Wasserschleifsteine sollten regelmäßig abgerichtet werden. Der oben gezeigte, speziell dafür gedachte Abrichtstein sorgt für schnelle Ergebnisse auf der Oberseite des Wasserschleifsteins.

schneller abnutzen und öfter neu abgerichtet werden müssen. Für diese Aufgabe können Sie grobes Nass-/Trockenschleifpapier auf einer geraden Oberfläche verwenden. Sie können auch einen kostengünstigen Abricht- oder Schleifstein für genau diesen Zweck erstehen. Tiefe Kerben und grobe Körnung helfen, die Oberfläche eines Wasserschleifsteins schnell wieder abzurichten. Stellen Sie nur sicher, dass Sie während des Vorgangs genug Wasser verwenden.

Beim Kauf von Schleifutensilien stolpern Sie vielleicht auch über Keramikwasserschleifsteine. Manche Menschen meinen, sie hielten länger und nützten sich weniger schnell ab als andere Wasserschleifsteine, was jedoch rein subjektives Empfinden ist. Das bedeutet, sie müssen weniger oft abgerichtet werden. Zum Abrichten eines Keramikschleifsteins eignet sich eine Diamantplatte am besten.

Es gibt Wasserschleifsteine mit sowohl einzelner als auch doppelter Korngröße, die an jeder Seite eine unterschiedliche Körnung aufweisen. Das ist eine kostengünstige und schnelle Lösung, mehrere Körnungen zur Hand zu haben.

Einen Wasserschleifstein zu pflegen bedeutet, ihn nach jeder Verwendung unter kaltem bis lauwarmem Wasser abzuspülen. Ein mildes Geschirrspülmittel und eine Nylonbürste können gute Dienste leisten. Lassen Sie die Steine vor dem Wegräumen an der Luft trocknen.

Diese Wasserschleifsteine bedienen sich eines Keramikschleifmittels, das mit einer planen Glasplatte verbunden wurde. Sie sind wie traditionelle Schleifsteine zu verwenden.

Zweiseitige Wasserschleifsteine bieten auf jeder Seite eine andere Korngröße.

Diamantschleifsteine

Die letzte Schleifsteinkategorie, die ich erwähnen möchte, sind Diamantschleifsteine. Sie bestehen aus industriell hergestellten Diamantpartikeln, die mit einer Metallplatte verschmolzen werden. Dieser Prozess ist so populär geworden, dass es Hunderte an Produkten von Nagelfeilen bis zu Schleifwerkzeugen gibt, die Diamant enthalten.

Einige Diamantschleifsteine werden durch die Verbindung von Diamantpartikeln mit dünnen Metallplatten hergestellt, die dann an starren Plastikplatten befestigt werden. Andere Steine weisen Diamantpartikel auf, die mit dicken Metallplatten verbunden werden. In beiden Fällen ist das Endergebnis ein langlebiger Stein, der nie abgerichtet werden muss. Allein diese Besonderheit hat schon zur immensen Beliebtheit dieser Produkte beigetragen.

Beim genaueren Blick auf das unten stehende Foto sehen Sie, dass einige Produkte Löcher oder Muster in der Diamantoberfläche aufweisen. Dies hilft zu vermeiden, dass Staub aus Metallpartikeln und Schmiermittel – auch Schleifabrieb genannt – die Diamantoberfläche verlegt.

Diamantschleifsteine können trocken verwendet werden, ich verwende jedoch gern Wasser oder ein anderes, speziell für diese Steine konzipiertes Schmiermittel. Ein Diamantschleifstein wird nicht anders verwendet als andere Schleifsteine. Der Vorteil liegt in der Sicherheit, dass er plan bleibt.

Um einen Diamantschleifstein zu reinigen, können Sie ein mildes Reinigungsmittel unter fließendem Wasser verwenden. Falls notwendig, entfernen Sie Metallpartikel mit einer Nylonbürste und trocknen den Stein gründlich ab, um Rost zu verhindern. Reiben Sie einen weißen Künstlerradiergummi über den Stein, um etwaige Schmutzreste zu entfernen.

Wenn Sie Schleifsteine lagern (unabhängig von der Sorte), stapeln Sie sie nicht mit aufeinanderliegenden Schleifseiten übereinander. Dies kann Körner des einen Steins auf den anderen übertragen und unbeabsichtigte Kratzer während des Schleifvorgangs verursachen. Am besten verwahren Sie jeden Stein in einem separaten Behältnis oder zumindest getrennt voneinander. Sie können eine alte Socke als Polsterung verwenden, die den Stein während Lagerung und Transport schützt.

Diamantschleifprodukte gibt es in zahlreichen Ausführungen.

Hybridlösungen

Sie müssen nicht dieselbe Schleifsteinsorte für all Ihre Bedürfnisse beim Schärfen verwenden. Viele Hersteller bieten Hybridlösungen an, die ein paar verschiedene Steinsorten beinhalten. Dies erlaubt dem Anwender, die besten Steine für diese Aufgabe auszuwählen. Beispielsweise verfügt das unten gezeigte Produkt über zwei Diamantschleifsteine (grob und fein) und einen natürlichen Arkansasstein. Sie könnten die beiden Diamantschleifsteine verwenden, um eine Schneidkante schnell auszubessern, und ihr mit dem Arkansasstein den letzten Schliff für eine rasiermesserscharfe Schneide verleihen.

Diese Hybridschleiflösung bedient sich zweier Diamantschleifsteine und eines Arkansassteins, die auf ein sich drehendes Gestell montiert sind.

Abziehen (Feinschliff)

Für eine spiegelblanke Politur der Schneidkante sorgt das Abziehen (der Feinschliff). Dazu wird traditionellerweise ein Lederstreifen verwendet. Traditionsbewusste Herrenfriseure verwenden Abziehleder, um ihre Rasiermesser abzuziehen, bevor sie ihre Kunden rasieren.

Nach der Verwendung Ihres feinsten Schleifsteins reiben Sie die Schneidkante des Werkzeugs über das Leder. Nur ein paar Striche mit moderatem Druck genügen, um feinste Kratzer zu entfernen und die Schneidkante zu verfeinern. Ziehen Sie das Werkzeug immer weg von der Schneidkante, damit es nicht in das Leder schneidet.

Sie können dem Leder ein Abziehmittel – eine wachsartige, mit ultrafeinen Schleifpartikeln gemischte Substanz – hinzufügen, um diesen Arbeitsschritt zu intensivieren. Reiben Sie das Mittel vor dem Abziehen einfach auf das Leder.

Man kann zum Abziehen einer Werkzeugklinge auch Diamantpaste verwenden. Es gibt sie in kleinen Spritzen, die das Auftragen auf ein Abziehleder erleichtern. Diamantpartikel werden in ein Mittel gemischt, das auf die Abziehoberfläche (ein Stück Hartholz, mitteldichte Faserplatte oder Leder) aufgetragen wird. Ich gebe gern ein paar Tropfen Öl auf die Abziehoberfläche und füge nur 1–2 Tropfen Diamantpaste hinzu. Gut mit dem Finger verteilen, und schon sind Sie startklar zum Ausbessern Ihrer Klinge!

Abziehen mit ultrafeinen Schleifmitteln sorgt für den letzten Schliff der Schneidkante.

Diese Abziehvorrichtung besteht aus einem auf einen Sperrholzklotz geklebten Lederstreifen. Das grüne Abziehmittel sorgt für feinen Abrieb, der für den Erhalt einer polierten Schneide notwendig ist.

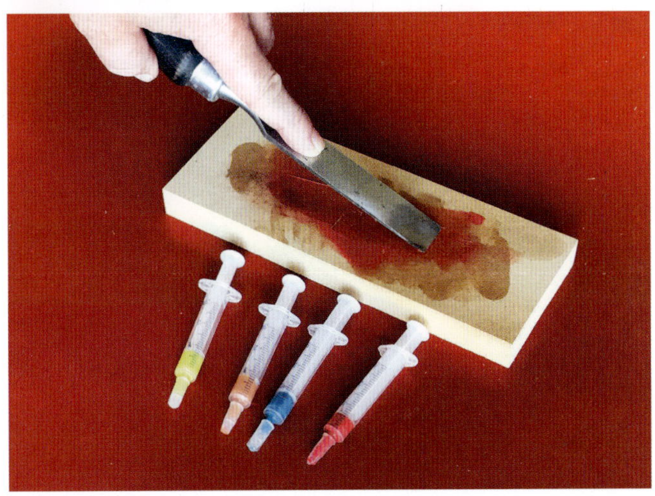

Diamantschleifpaste gibt es in verschiedenen Korngrößen. Hier im Bild verwende ich einen MDF-Klotz zum Abziehen. Ein wenig Diamantschleifpaste reicht sehr lange.

Arbeitsbereich

Schärfen kann eine schmutzige Arbeit sein. Immerhin verwenden Sie ein Schleifmittel, um Metall zu entfernen, was feinen Staub verursacht. Verbindet sich dieser mit dem als Schmiermittel genutzten Öl oder Wasser, kann das matschige Chaos Überhand nehmen. Deshalb schütze ich immer meinen Arbeitsbereich. Ich verwende gern eine Silikonmatte als Unterlage für die Schleifsteine. Ihre Antihaftoberfläche lässt sich leicht reinigen und verhindert dennoch, dass die Steine während der Verwendung verrutschen.

Eine weitere Lösung, die gut funktioniert, ist ein altes Serviertablett. Ich habe eines sehr günstig in einem Gebrauchtwarenladen gefunden. Ich mag es, weil die Umrandung rundherum den Schmutz während des Schärfens an einem Ort hält. Zusätzlich sorgt es dafür, dass Werkzeuge wie etwa Stechbeitel nicht davonrollen und aus Versehen auf dem Boden landen.

Wenn Sie Wasser- oder Diamantschleifsteine verwenden, sollten Sie außerdem eine Sprühflasche mit Wasser zur Hand haben. Ich verwende gern destilliertes Wasser, weil die Mineralien im Leitungswasser zum Verrosten der Werkzeuge beitragen könnten. 1–2 Tropfen Geschirrspülmittel im Wasser helfen, den Metallstaub von den Steinen zu entfernen, und sorgen für zusätzliche Schmierung.

Sie brauchen außerdem Lappen, Papiertücher oder Einweghandtücher in Reichweite.

Während des Schärfens müssen Sie das Werkzeug regelmäßig abwischen, um den Fortschritt zu überprüfen. Dies hat den zusätzlichen Vorteil, dass etwaiger Schleifstaub, der mit der nächstfeineren

Eine kostengünstige Silikonmatte schützt die Arbeitsfläche und sorgt für eine leicht zu reinigende Oberfläche, während die Schleifsteine fest und sicher liegen.

Körnung aufgebracht werden und unerwünschte Kratzer hinterlassen könnte, entfernt wird.

Für Wasserschleifsteine, die vor der Verwendung in Wasser eingelegt werden müssen, ist ein Einweg-Plastikbehälter für Lebensmittel ein gutes Wasserbad. Denken Sie nur daran, die Steine nach Verwendung herauszunehmen, damit sie an der Luft trocknen können.

Vor dem Schärfen eines Werkzeugs, insbesondere bei Holzwerkzeugen, sollte der bestehende Fasenwinkel des Werkzeugs festgestellt werden. Dies hilft Ihnen, Ihr Schärfsystem so einzurichten, dass derselbe Winkel bestehen bleibt. Es gibt dafür viele Werkzeuge, doch eines der simpelsten ist die Messingwinkellehre. Ich habe in meiner Schleifecke immer eine zur Hand.

Ein altes Tablett ist die ideale Unterlage zum Schärfen. Es sammelt den Staub und muss nach der Verwendung nur schnell abgespült werden.

Den Fasenwinkel zu messen hilft beim Einrichten des Schärfsystems in diesem Winkel. Diese Messinglehre ist ein einfaches, kostengünstiges Gerät, das daraus eine leichte Aufgabe macht.

Schärfführungen

Zuvor habe ich über Geometrie und die Wichtigkeit von Fasenwinkeln beim Schärfen einer Schneidkante gesprochen (siehe S. 16). Viele Einsteiger haben Probleme damit, beim Schärfen einen gleichmäßigen Fasenwinkel zu halten. Auch mit jahrelanger Erfahrung muss man manchmal eine saubere, akkurate Fase mit einem Hilfsmittel herstellen.

Glücklicherweise gibt es eine Vielzahl an Zubehör, mit dem Sie ein Werkzeug wie einen Meißel oder ein Hobeleisen selbstsicher ausrichten und schärfen können. Nach dem Einstellen des richtigen Winkels für die Fase halten diese Schärfhilfen die Klinge sicher an ihrem Platz, damit der Winkel auch während des Schärfens erhalten bleibt.

Die einfachste und kostengünstigste Schleifführung ist eine klemmenartige Führung. Diese gibt es in den meisten Bau- und Werkzeugmärkten. Sie verfügt über einen Schraubmechanismus, der durch Drehen die Backen zueinander bewegt, um die Werkzeugklin-

Schleifführungen oder Spannvorrichtungen gibt es in vielen Ausführungen. Sie alle dienen einem Zweck: dem Einstellen des korrekten Winkels zum Schärfen der Fase von Stechbeiteln und Hobeleisen.

Verwenden Sie den Knopf an einer Schärfführung mit Klemme, um die Klinge festzuklemmen. Wie weit die Klinge herausragt, bestimmt den Winkel, in dem das Werkzeug auf dem Stein aufliegt.

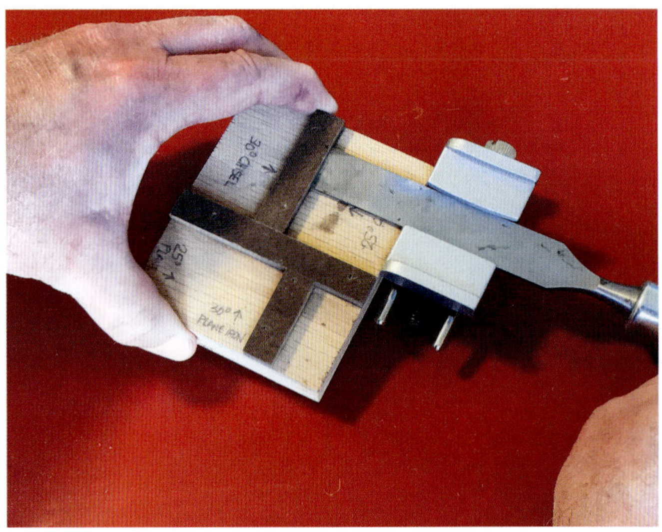

Diese einfache Führungsvorrichtung erlaubt es, eine Klinge schnell in einer Schleifführung zum Einstellen des richtigen Winkels zum Schärfen zu befestigen.

ge zu fixieren. Der Schraubgriff ist in der Regel geschlitzt, um zusätzliches Drehmoment mit einem Schraubenzieher anwenden zu können, damit die Klinge während der Bearbeitung wirklich fest bleibt.

Diese Art Schärfführung erfordert, dass die Seiten der Klinge parallel geklemmt werden und recht dünn sind, um in die Backen der Führung zu passen. Einige Stechbeitel sind zu dick oder haben sich verjüngende Seiten, die einen sicheren Halt der Klinge verhindern. Den richtigen Winkel des Werkzeugs einzustellen um die Fase zu bearbeiten geschieht durch Adjustieren der Klingenlänge, die aus der Führung herausschaut. Es gibt mehrere hilfreiche Wege, diesen Winkel einzustellen. Einer ist es, die Fase flach auf den Stein zu legen und die Position der Schärfführung einzustellen, um diesen Winkel zu erhalten.

Eine weitere Art, den Klingenwinkel in die Schärvorrichtung zu übertragen, ist die Verwendung eines digitalen Winkelmessers. Dieser verfügt über starke Magnete, die sich mit der Klinge des Werk-

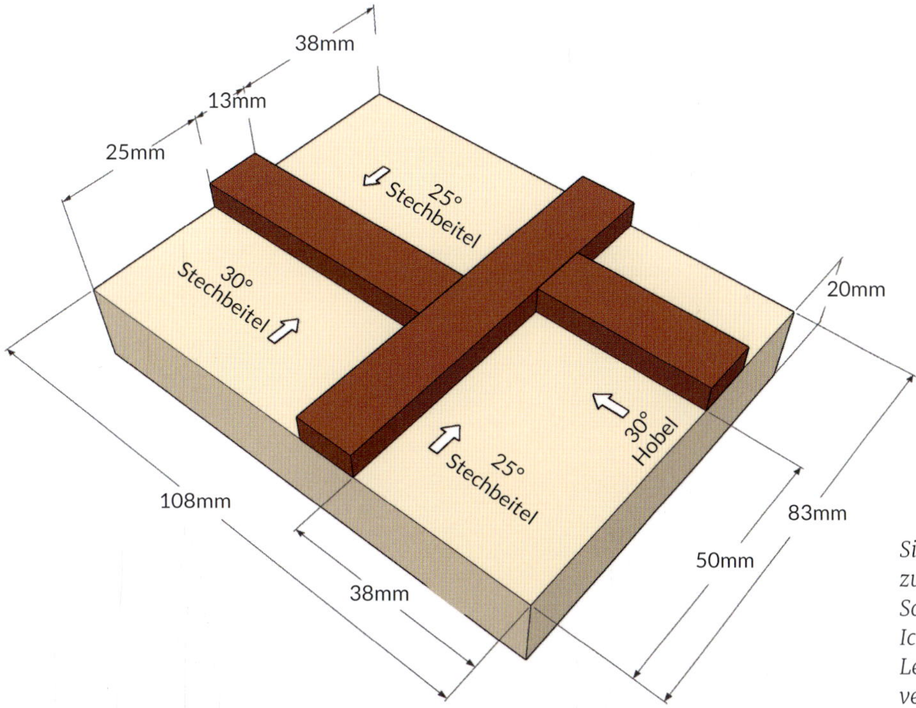

Sie können einen einfachen Messblock zum Einstellen des richtigen Winkels einer Schärfführung mit Klemmen anfertigen. Ich habe Sperrholz (20 mm) als Basis mit Leisten aus Hartfaserplatte (6 mm) verwendet.

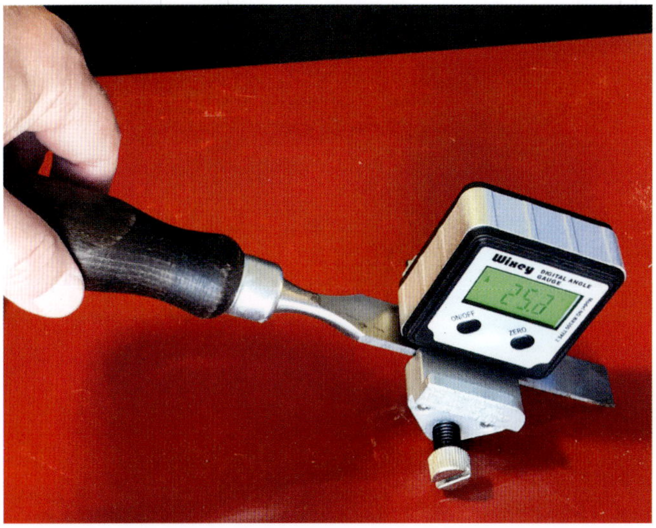

Verwenden Sie einen digitalen Winkelmesser, um den richtigen Winkel zum Schärfen der Fase auf das Werkzeug zu übertragen.

Diese Schärfhilfe verfügt über eine Lehre zum Einstellen des Klingenwinkels. Ihre Gleitrolle passt in eine Kerbe in der Lehre; die Klinge wird bis zum gewünschten Winkel vorgeschoben.

zeugs oder der stählernen Arbeitsoberfläche verbinden. Stellen Sie ihn auf Ihre Arbeitsoberfläche oder Ihren Schärfstein und drücken Sie die Null-Taste. Setzen Sie ihn dann auf ihre Klinge in der Schärfführung und adjustieren Sie den Vorstand der Klinge, bis das Gerät den gewünschten Winkel anzeigt.

Einige Schärfvorrichtungen verfügen über eine Winkellehre, die Ihnen das Einlegen der Klinge ohne Umstände ermöglicht. Sie sollten beim Festklemmen der Klinge darauf achten, dass die Schneidkante parallel zur Rolle und rechtwinklig in der Führung liegt. Andernfalls entfernen Sie an einer Seite der Fase mehr Material als auf der anderen, wodurch eine ungleichmäßige Fase und eine verzogene Schneidkante entstehen.

An dieser Schärfhilfe ist ein Messgerät angebracht, mit dem Sie verschiedene Fasenwinkel zur korrekten Ausrichtung der Klinge einstellen können. Ist diese sicher in die Führung geklemmt, entfernen Sie die Lehre.

Eine zusätzliche Winkelschablone hilft bei der Positionierung der Klinge – nicht nur für den richtigen Winkel zum Schärfen der Fase, sondern auch, damit die Klinge im rechten Winkel ausgerichtet ist.

Vor dem Schärfen vergewissern, dass die Klinge rechtwinklig in die Führungsvorrichtung eingespannt ist.

Elektrische Schärfwerkzeuge

Wie Sie sich vorstellen können, gibt es viele elektrische Werkzeuge, die so konzipiert sind, dass sie das Schärfen einer Klinge oder eines Werkzeugs beschleunigen. Im Werkzeughandel für Holzwerker populär sind beispielsweise Schleifmaschinen für die Werkbank oder ein niedertourig laufendes Werkzeugschärfsystem von Work Sharp. Letzteres wurde speziell für Holzbearbeitungswerkzeuge konzipiert. Es verfügt über eine Vielzahl an Accessoires und Einstellungen, die es ideal zum Schärfen und Abziehen von Stechbeiteln, Hobeleisen und Schnitzwerkzeugen macht.

Ich bespreche elektrische Werkzeuge später genauer, doch diese beiden sollten dem ernsthaften Holzwerker eine Überlegung wert sein.

Anders als traditionelle Standschleifgeräte, die Sie zur Metallbearbeitung finden, ist bei einem Schleifgerät mit niedriger Drehzahl das Überhitzen der Schneidkante, die die Härte des Stahls beschädigen kann, weniger wahrscheinlich. Es ist für ein schnelles Nach- und Geraderichten einer Klinge ebenso praktisch wie für die Entfernung von Scharten.

Beim Work-Sharp-Gerät wird eine Schleifscheibe durch einen Motor mit niedriger Drehzahl angetrieben. Diese ist, wie gezeigt, von unten zugänglich, oder aber von oben, um Stechbeitel zu begradigen oder Schnitzwerkzeuge feinzuschleifen.

2

Schärfen in der Praxis

2:1 Stechbeitel und Stemmeisen

2:2 Handhobel

2:3 Ziehklingen

2:4 Schnitzwerkzeuge

2:5 Gartenwerkzeuge

2.6 Küchenutensilien

2.7 Fräser für die Oberfräse

2.8 Abricht- und Dickenhobelmesser

2.9 Bohraufsätze

2:1

Stechbeitel und Stemmeisen

Bei der Arbeit an Projekten aus Holz verbringen Sie wahrscheinlich einige Zeit mit Stechbeiteln und Stemmeisen. Der richtige Gebrauch eines scharfen Stechbeitels erlaubt Ihnen, Holzarbeiten zu gestalten und zu verfeinern, Ihre Projekte mit Details zu versehen und ein handwerkliches Niveau zu erreichen wie mit keinem anderen Werkzeug.

Nach dem ersten Schärfen wird die Arbeit mit Ihren Stechbeiteln zur reinsten Freude, wenn Sie lernen, wie Sie sie regelmäßig rasiermesserscharf schleifen. Scharfe Stechbeitel und Stemmeisen gleiten mit weniger Aufwand durch die Holzfasern und hinterlassen einen sauberen Schnitt. Haben Sie einmal gelernt, wie sich ein scharfes Werkzeug in Ihrer Hand verhält, wissen Sie, wann die Kante ausgebessert werden muss, damit es weiterhin scharf schneidet.

Scharfe Stemmeisen sind eine Notwendigkeit in jeder Holzwerkstatt. Zu wissen, wie man eine rasiermesserscharfe Kante erhält, ist das A und O für hochwertige Handwerkskunst.

Die Rückseite abrichten

Wie bereits besprochen entsteht eine scharfe Klinge aus der Linie, an der sich zwei gerade Ebenen schneiden (siehe S. 16). Bei Stemmeisen werden diese beiden Ebenen von der Fase und der Klingenrückseite gebildet. Einige Hersteller von hochwertigem Werkzeug scheuen keine Mühen und richten die Rückseiten ihrer Klingen ab bzw. läppen sie vor dem Verpacken zum Versand.

Wenn Sie Ihr Werkzeug von Ihrem Eisenwarenhändler oder Baumarkt vor Ort erstanden haben, ist es allerdings wahrscheinlich, dass die Klingenrückseite grob ab Werk geschliffen wurde, aber nicht wirklich plan ist. Selbiges gilt für gebrauchtes Werkzeug; Sie können nicht davon ausgehen, dass der Vorbesitzer sich die Mühe gemacht hat, die Rückseite auf Ebenheit zu überprüfen.

Die Rückseite abzurichten ist eine einmalige Operation, die Sie nur bei einem neu erworbenen Stemmeisen ausführen müssen – sei es nun fabrikneu oder gebraucht.

Ziel ist es, die Klingenrückseite spiegelblank zu polieren.

Bevor Sie beginnen, die Rückseite zu glätten, ist es wichtig, einige Dinge zu erklären. Erstens: Wir be-

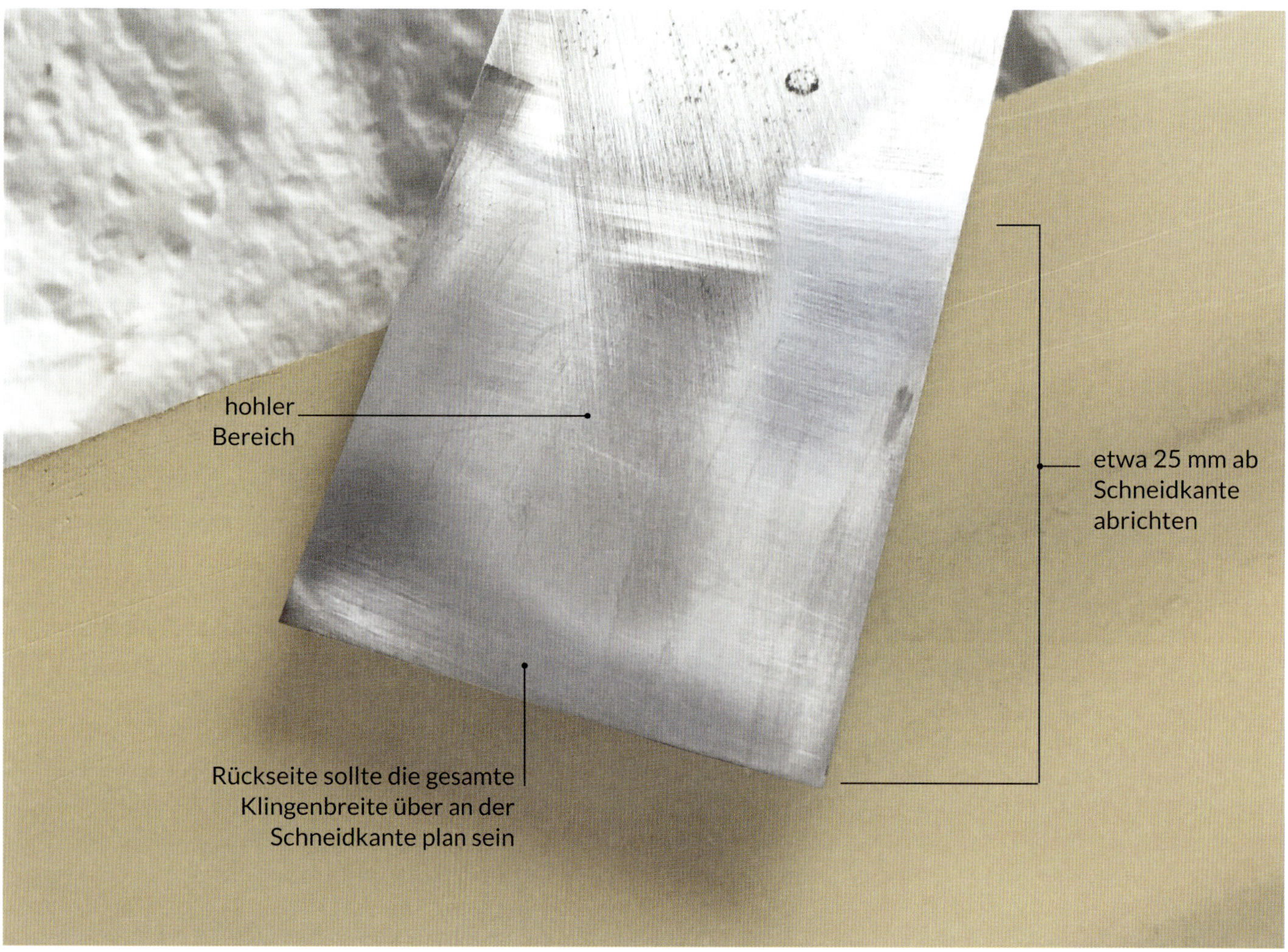

Das Ziel beim Begradigen der Rückseite ist der Erhalt eines gleichmäßigen Kratzmusters über die gesamte Breite der Klinge, die der Schneidkante am nächsten liegt. Arbeiten Sie sich durch immer feiner werdende Korngrößen eine polierte Oberfläche aus.

schäftigen uns nur mit dem Bereich der Klingenrückseite nahe der Schneidkante. Für gewöhnlich richte ich den Fokus darauf, die Rückseite nicht weiter als 20–25 mm von der Kante aus abzurichten. Dies bietet genug Oberfläche, um das Stemmeisen plan auf den Schleifstein aufzulegen. Es ist nicht notwendig, die gesamte Länge der Werkzeugrückseite abzurichten.

Zweitens ist festzuhalten, dass die Rückseite des Stemmeisens entlang der Schneidkante durchwegs gerade sein sollte. In anderen Worten: Achten Sie darauf, dass Sie die Rückseite beim Abrichten nicht über die Kante hinaus abrunden. Dies kann unabsichtlich passieren, wenn die Rückseite eines Stechbeitels nicht plan auf dem Schleifstein aufliegt, während er begradigt wird.

Befindet sich auf der Werkzeugrückseite eine abgerundete Kante oder eine leichte Fase auf der der Schneidfase gegenüberliegenden Seite, macht dies den Stechbeitel für die meisten Arbeiten im Prinzip unbrauchbar. Der Grund ist, dass die Rückseite des Stemmeisens als Referenzseite für die Schneidkante dient.

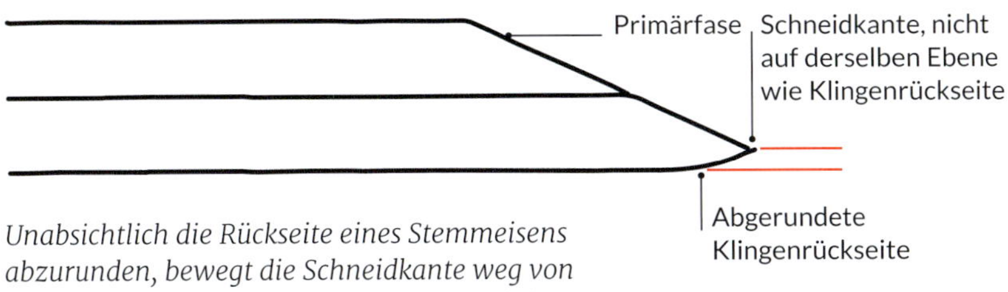

Unabsichtlich die Rückseite eines Stemmeisens abzurunden, bewegt die Schneidkante weg von der planen Fläche auf der Rückseite. So wird es für die meisten Arbeiten schwierig zu verwenden.

Die Klingenrückseite plan auf den Stein auflegen und wiederholte Striche der Steinlänge nach ausführen, bis an der Schneidkante ein gleichmäßiges Riefenmuster über die Klingenbreite entsteht.

Eine abgerundete Kante auf der Rückseite verschiebt die Schneidkante in erster Linie weg von der Ebene auf der Rückseite.

Mit diesem Wissen im Hinterkopf beginne ich gern, die Rückseite mit einem groben Schleifstein (Körnung 220–440) zu begradigen. Positionieren Sie den Stein nahe und parallel zur Vorderkante der Werkbank oder Arbeitsfläche.

Bei dieser Arbeit ist die Handposition auf dem Stemmeisen während des Polierens der Rückseite mit dem Schleifstein entscheidend. Ich halte meine dominante Hand gern um die Klinge (nicht um den Griff) nahe der Schneidkante, wobei der Zeigefinger Druck nach unten auf das Fasenende ausübt und die Rückseite flach auf dem Stein hält. Mein anderer Zeigefinger drückt die Klinge nach unten.

Das hintere Ende (der Griff) des Stechbeitels darf während des Abrichtens niemals angehoben werden. Das Werkzeug an der Klinge in Fasennähe statt am Griff festzuhalten mindert diese Versuchung. Stellen Sie sicher, dass nichts auf der Werkbank das Ende mit dem Griff nach oben hält und verhindert, dass die Stechbeitelrückseite plan auf dem Stein liegen kann. Führen Sie erst dann Striche entlang der Längsseite des Steins aus, während Sie den Druck nach unten auf das Fasenende aufrechterhalten, damit die Klinge flach liegen bleibt.

Überprüfen Sie Ihren Fortschritt regelmäßig, indem Sie die Rückseite mit einem Lappen oder einem Papiertuch abwischen. In dem Metall sollte ein Muster aus Kratzern oder glänzenden Stellen erscheinen. Dies zeigt, wo sich die hoch liegenden Stellen befinden. Fällt Ihnen das Erkennen schwer, hilft der Trick, die Rückseite mit einem Permanentstift zu markieren. Nach dem Färben im Bereich nahe der Klinge entfernen ein paar Striche den Marker an den höheren Stellen. Weiter mit dem groben Schleifstein fortfahren, bis die Rückseite plan direkt neben der Schneidkante liegt.

Einige Klingen haben einen hohlen oder konkaven Bereich hinter der Schneidkante. Das kommt ziemlich häufig vor und ist kein Grund zur Sorge. Bearbeiten Sie die Rückseite einfach weiter, bis die Aussparung von der Schneidkante entfernt ist.

Japanische Stemmeisen werden aus gefaltetem Stahl hergestellt und absichtlich mit einer tiefen Aussparung auf der Klingenrückseite gefertigt, die das Geraderichten erleichtert.

Haben Sie eine Klinge, die ballig oder konvex auf der Rückseite ist, ist das Abrichten etwas anspruchsvoller. Ist dies der Fall, verwende ich einen möglichst groben Schleifstein und versuche, die Klinge in einer Position zu halten, damit sie nicht während des Begradigungsvorgangs von einer Seite zur anderen

Die Rückseite vor Beginn des Abrichtens mit einem Permanentstift markieren, um hoch und tief liegende Stellen leicht zu finden. Sie können den Marker regelmäßig auftragen, um Ihren Fortschritt zu messen.

rutscht. Je nach Stärke der Balligkeit könnte das Abrichten der Klingenrückseite einen ziemlich hohen Aufwand bedeuten.

Manchmal ist hier ein elektrisches Schleifgerät mit Schleifscheiben oder -bändern hilfreich, um den Großteil des erhöhten Bereichs abzutragen. Ein grober Diamantschleifstein funktioniert ebenfalls gut.

Ist die Rückseite an der Schneidkante durchgehend über die ganze Breite plan, können Sie auf das nächstfeinere Schleifmittel umsteigen. Arbeiten Sie sich durch die feineren Körnungen, um Riefen vorheriger Körnungen zu entfernen. Es ist ratsam, die Klinge zwischen den einzelnen Körnungen abzuwischen, damit sich keine gröberen Körner unter die feineren mischen können. Ich poliere die Rückseite mindestens bis zu einer Körnung von 2000. Bedenken Sie, dass dies ein einmaliger Arbeitsgang ist. Mit dem Voranschreiten durch die Korngrößen entfernen Sie Kratzer, die die gröbere Körnung hinterlassen hat. Eine spiegelblanke Politur auf der Rückseite hilft, eine schärfere Schneidkante zu erzeugen.

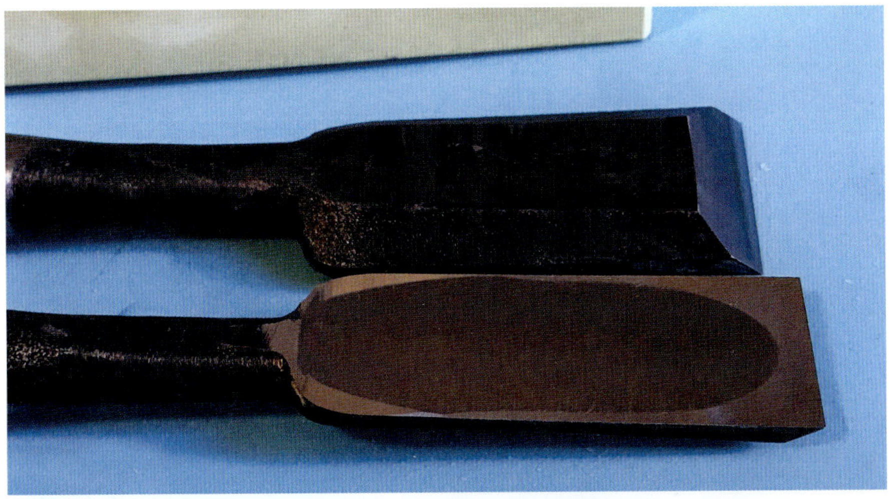

Japanische Stemmeisen werden mit einer Aushöhlung auf der Rückseite hergestellt, um das Abrichten weniger arbeitsintensiv zu gestalten.

Überprüfen Sie während des Abrichtens der Rückseite häufiger Ihren Fortschritt. Führt das Riefenmuster einmal vollständig über die Klingenbreite direkt an der Schneidkante, können Sie zu den feineren Korngrößen für eine polierte Oberfläche übergehen.

Schleifen der abgefasten Kante

Nachdem die Rückseite plan und poliert ist, können Sie Ihre Aufmerksamkeit der Fase zuwenden. Wie auf der Rückseite betrifft Sie nur der Bereich nahe der Schneidkante. Es ist nicht notwendig, immer die gesamte Fase zu polieren. Erneut wurden die Fasen höherwertiger Stemmeisen bereits plan geläppt, sodass Sie nur noch die Fase polieren müssen, um die Schneidkante abzuziehen, bevor Sie das Stemmeisen verwenden können.

Die Fasen bei einigen kostengünstigeren Stemmeisen sind werksseitig mit einer groben Schleifscheibe geschliffen. Dies hinterlässt tiefe Riefen, die entfernt werden müssen.

Dieser grobe Schleifprozess kann auch zu einem Hohlschliff führen. Dieser resultiert aus dem Außendurchmesser der Schleifscheibe, die das Metall in Form eines leichten Bogens von der Fase abgetragen hat. Dies kann das Schärfen erleichtern, da es nur zwei Kontaktpunkte mit dem Schleifstein gibt. Vergleichen Sie dies mit einer planen Fase, deren gesamte Oberfläche poliert werden muss.

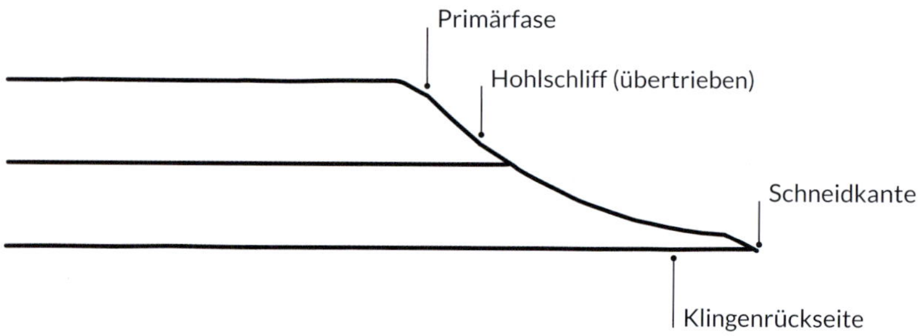

Die Fasen einiger Stemmeisen werden werksseitig mit einer Schleifscheibe geschliffen, die eine konkave Oberfläche hinterlässt. Die Fase ist leicht abzuziehen, da die Fasenkante und die Schneidkante die einzigen Kontaktpunkte mit dem Schleifstein sind.

Einige Stemmeisen werden werksseitig mit einer groben Schleifscheibe geschliffen. Diese tiefen Kratzer müssen von der Klingenrückseite und der Fase an der Schneidkante entfernt werden.

Verwendung einer Schärfführung

Den meisten Anfängern helfen Schärfführungen beim Schärfen der Fase. Eine Hon- oder Schärfführung hält die Klinge konstant in einem Winkel und die Ränder rechtwinklig. Scheiben oder Rollen helfen, die Führung entlang der Länge des Schleifsteins oder -mittels vor und zurück zu bewegen. Ihre Aufgabe ist es, leichten Druck auf die Schleifkante auszuüben, um die Klinge zu schärfen.

Die Kosten für Schärfvorrichtungen variieren stark. Einige klemmen die Klinge nur an den Seiten fest und das Einstellen des Winkels, in dem die Fase auf den Stein trifft, liegt bei Ihnen. Die Länge des Klingenvorstands aus der Schärfführung legt den Winkel fest. Das ist leichter, als es klingt, kann aber anfangs ein Prozess nach dem Prinzip „Versuch und Irrtum“ sein.

Die in die Führung gespannte Klinge sollte im rechten Winkel zur Führung liegen. Während einige Stemmeisen, z. B. Schrägbeitel, mit schrägen Schneidkanten konzipiert sind, sollten die Schneidkanten von Stechbeiteln rechtwinklig sein. Ein kleiner Winkelmesser an der Schärfstation ist hier nützlich.

Befestigen Sie die Klinge in der Schärfhilfe und setzen Sie diese auf den Schleifstein. Richten Sie den Blick unter die Fase und adjustieren Sie den Klingenschutz, bis die Fase plan auf dem Stein aufliegt. Einige fortgeschrittenere Schärfführungen sind mit Spannvorrichtungen und hilfreichen Zusätzen ausgestattet.

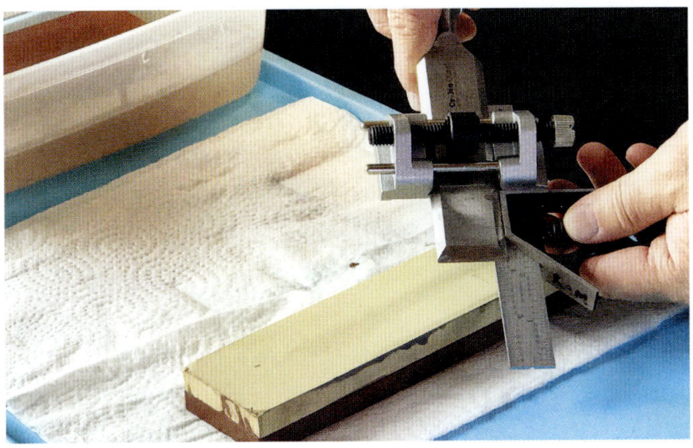

Vor dem Abziehen der Fase mit einem kleinen Winkelmesser sicherstellen, dass das Stemmeisen rechtwinklig sitzt.

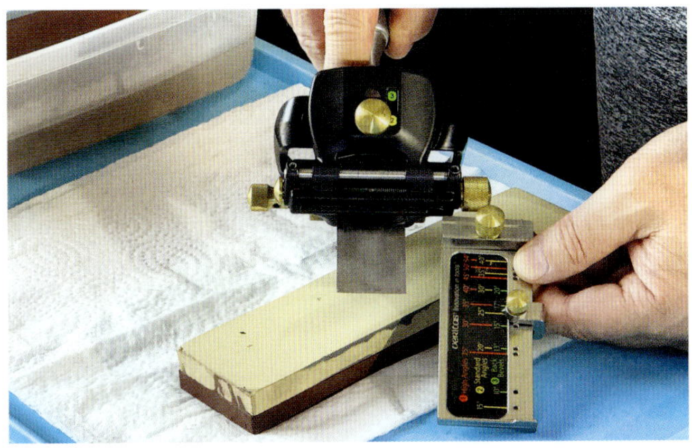

Diese Schärfführung verfügt über einen Winkelabnehmer, der den Winkel für die Fase einstellt.

Diese Schärfführung verfügt über einen Zusatz, mit dem Sie schnell die Standardfasenwinkel einstellen können.

Bei dieser einfachen Führung, bei der die Klinge an den Seiten festgeklemmt wird, den Winkel adjustieren, bis die Fase plan aufliegt.

Fasenwinkel

Dies ist ein guter Moment, Fasenwinkel von Stemmeisen und Stechbeiteln zu erwähnen. Der häufigste Fasenwinkel von Stechbeiteln beträgt 25 Grad. Dies kann je nach Hersteller um einige wenige Grade variieren. Schälbeitel schneiden leicht durch Hirnholz und sind mit einer Fase von 20 Grad und weniger ausgestattet. Sie sind so konzipiert, dass sie nur mit dem Druck der Hand auskommen, weshalb die Schneidkante aufgrund der flacheren Fase schwächer ist.

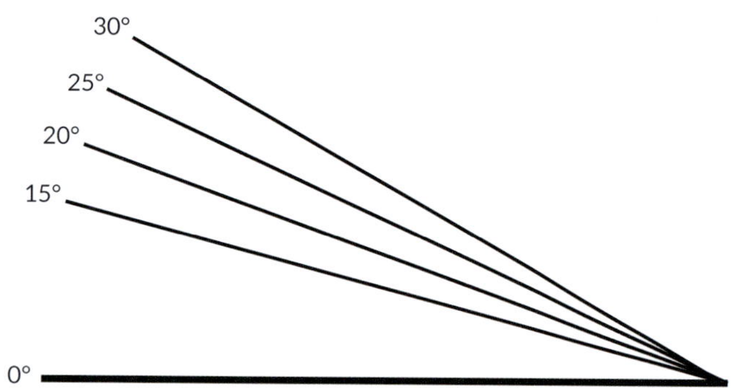

häufige Fasenwinkel

Lochbeitel wiederum halten viel Druck und das Schlagen mit einem Hammer zum Entfernen von überflüssigem Material aus. Ihre Fasenwinkel liegen bei ca. 30 Grad. Sie können die unten stehende Illustration zum Abschätzen der Fasenwinkel Ihrer Beitel verwenden.

Haben Sie die Klinge in der Schärfführung befestigt, können Sie mit dem Schleifen beginnen. Die Anfangskörnung hängt vom Zustand der Fase ab. Ist die Schneidkante an den Seiten des Stemmeisens nicht rechtwinklig oder beschädigt, sollten Sie mit der gröbsten Korngröße zum Erneuern einer rechtwinkligen und geraden Schneidkante beginnen. Von hier aus arbeiten Sie sich durch die Körnungen.

Nutzen Sie beim Abziehen die volle Länge des Steins aus. Wenn Sie eine Schärfführung verwenden, stellen Sie sicher, dass die Rolle an der Führung und die Fase der Schneidkante auf dem Stein bleiben.

Wie beim Abrichten der Rückseite können Sie einen Permanentstift verwenden, um Ihren Fortschritt sichtbar zu machen. Das ist vor allem hilfreich, um zu sehen, ob Sie entlang der Schneidkante gleichmäßigen Druck ausüben.

Der Schärfprozess ist immer der gleiche, unabhängig von der gewählten Führung. Nutzen Sie die Gesamtlänge des Steins, arbeiten Sie mit sanften, gleichmäßigen Strichen vor und zurück und bringen Sie moderaten Druck auf die Schneidkante.

Ein Permanentmarker hilft, den Fortschritt beim Feinschleifen der Fase zu prüfen.

Freihandschärfen

Mit der Erfahrung beim Schärfen möchten Sie vielleicht auch versuchen, Ihre Stechbeitel freihändig und ohne Schärfhilfe abzuziehen. Das ist nicht so schwierig, wie es scheinen mag. Der Nutzen dabei ist, dass es Zeit spart – und die Scherereien rund um das Einstellen des richtigen Winkels in der Schärfführung. Gerade richtig für schnelle Ausbesserungen.

Der Trick des Abziehens ohne Führung ist zu lernen, die Fase zu „fühlen". Dafür legen Sie die Klinge mit der Fase nach unten auf den Stein. Wiegen Sie die Klinge nach hinten, bis sie am Fasenrand zu liegen kommt. Heben Sie dann langsam den Griff des Stemmeisens, bis Sie den Kontakt der Fasenfläche mit dem Stein fühlen können. Wenn Sie ein Schmiermittel wie Öl oder Wasser verwenden, können Sie sehen, wie sich ein Tropfen an der Kante des Stemmeisens bildet, sobald die Schneidkante den Stein berührt.

Von hier ist es eine Frage des Einhaltens dieses Winkels, während Sie die Klinge über den Stein führen. Vielleicht müssen Sie experimentieren, um herauszufinden, wie Sie Ihre Hände und Finger halten müssen, um den Druck nach unten auf die Fase aufrechtzuerhalten. Ich lege eine Hand um die Klinge und führe meinen Zeigefinger ausgestreckt an die Spitze, um die Fase flach auf dem Stein zu halten. Bei schmalen Stechbeiteln ist dies ausreichend. Bei breiteren verwende ich den Zeigefinger der anderen Hand, damit die Klinge stabil auf dem Stein bleibt.

Beim Schärfen per Hand ohne die Hilfe einer Führung ist es wichtig, nicht mit der Klinge zu wackeln, während Sie sie über den Stein führen. Um dies zu vermeiden, richte ich den Stein gern so aus, dass die lange Kante von mir weg zeigt. Ich platziere die Schneidkante parallel zur langen Seite des Steins und vollführe Striche weg von meinem Körper und wieder zu ihm hin.

Eine weitere Methode für das freihändige Schärfen ist, die Klinge so auszurichten, dass sie im rechten Winkel zur langen Seite des Steins liegt. Mit zwei Händen die Klinge weg und wieder zurück bewegen. Die Schwierigkeit bei dieser Methode ist, dass man tendenziell unabsichtlich den Fasenwinkel während des Wegbewegens verändert. Daher richte ich die Klinge lieber seitlich aus und führe die Striche parallel zur Schneidkante aus.

Finden Sie die für Sie am besten geeignete Handposition, damit die Fase plan auf dem Stein aufliegt, während Sie sie der Länge nach über den Stein ziehen.

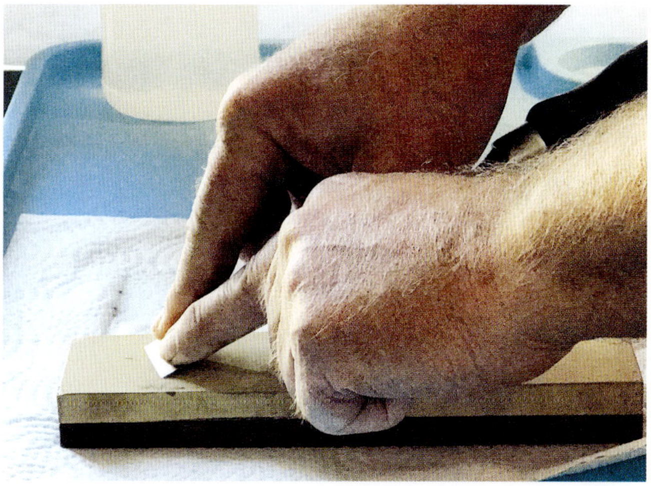

Die Klinge in dieser Ausrichtung mit zwei Händen zu halten ist ohne Übung schwierig. Man neigt dazu, die Fase zu „verwackeln", was eine abgerundete Fasenfläche verursachen kann.

Den Grat entfernen

Beim Abziehen der Fase und während Sie sich durch feinere Körnungen arbeiten, kann Ihnen eine drahtige Kante oder ein Grat an der Schneidkante begegnen. Dies geschieht, wenn die Schneidkante immer dünner wird und das Metall auf die Rückseite der Fase geschoben wird, wodurch ein Grat entsteht. Das ist völlig normal und ein Zeichen, dass Sie gute Fortschritte hin zu einer scharfen Schneide machen.

Um den Grat zu entfernen, müssen Sie die Klingenrückseite nur flach auf den feinsten verwendeten Schleifstein legen und einen Strich weg von der Schneidkante ausführen. Die Rückseite muss dafür flach auf dem Stein liegen.

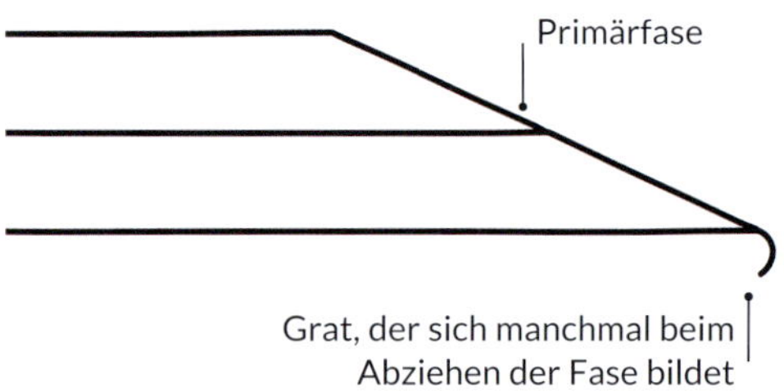

Eine „drahtige Kante" oder ein Grat bildet sich oft beim Abziehen der Fase an der Schneidkante und lässt sich mit einem feinen Stein/Abziehleder leicht entfernen.

Am Ende des Schärfvorgangs ist es ratsam, etwaige Grate zu entfernen. Dazu die Klingenrückseite auf einen feinen Stein/Abziehleder legen und weg von der Schneidkante ziehen (nur 1–2 Striche).

Abziehen

An diesem Punkt ist Ihr Stemmeisen wahrscheinlich schon einsatzbereit. Dennoch gehen manche Menschen gern noch einen Schritt weiter und ziehen die Klinge ab. Dies sorgt für den letzten Schliff der Fase und eine maximal scharfe Kante.

Zum Abziehen wird ein Mittel mit feinen Schleifkörpern benötigt. Es wird auf einen Untergrund aufgetragen, z. B. Leder oder ein flaches Holzstück. Ein auf eine Spanplatte geleimtes Leder eignet sich als praktisches Abziehleder. Leder gibt es überall, wo Schärf- und Sattlerbedarf verkauft wird. Ein alter breiter Ledergürtel tut es auch.

Zum Abziehen einer Stemmeisenschneide die Schleifkomponente auf das Leder (ich verwende gern die glatte Seite) auftragen. Die Fase nach unten auf das Abziehleder setzen und festen Druck ausüben, um die Klinge weg von der Schleifkante zu ziehen. Das Stemmeisen am Ende des Strichs anheben und dann für jeden Strich neu am gegenüberliegenden Ende ausrichten. Zwischen den einzelnen Strichen aufpassen, nicht in das Leder zu schneiden. Nach dem Schärfen eines Stemmeisens auf den Schleifsteinen gönne ich der Fase meist ca. 20 Striche auf dem Abziehleder. Dann lege ich die Rückseite auf das Abziehleder und ziehe dieses weg von der Schneidkante, um etwaige Grate zu entfernen.

Abziehleder mit ultrafeinem Schleif- oder Poliermittel für eine polierte Schneide.

Sekundär- oder Mikrofase

Der Versuch, die Gesamtfläche der Fase plan und glatt zu halten, kann mühsam sein, weshalb viele stattdessen eine Sekundär- oder Mikrofase entlang der Schneidkante aufbauen. So sind weniger Schleifstriche beim Schärfen notwendig und die Klinge ist schnell geschärft.

Eine Sekundärfase wird ausgearbeitet, indem der Klingenwinkel um nur einige wenige Grade adjustiert wird. Ich nehme dies mit dem feinsten Schleifstein vor. Das Formen dieser Sekundärfase dauert nur einige Striche. Werfen Sie einen genauen Blick auf die Schneidkante, sehen Sie eine feine Linie, wo sich diese Fase gebildet hat. Von hier aus können Sie mit dem Abziehen weitermachen wie zuvor.

Die Sekundärfase auszubessern, wenn das Werkzeug stumpf wird, ist schneller und leichter, als die ganze Primärfase zu polieren. Durch kontinuierliches Schärfen Ihres Stemmeisens mittels Polieren der Sekundärfase wird diese nach und nach größer. An einem gewissen Punkt sollten Sie die Primärfase wieder neu aufbauen. Dies machen Sie am besten mit einer Schärfführung.

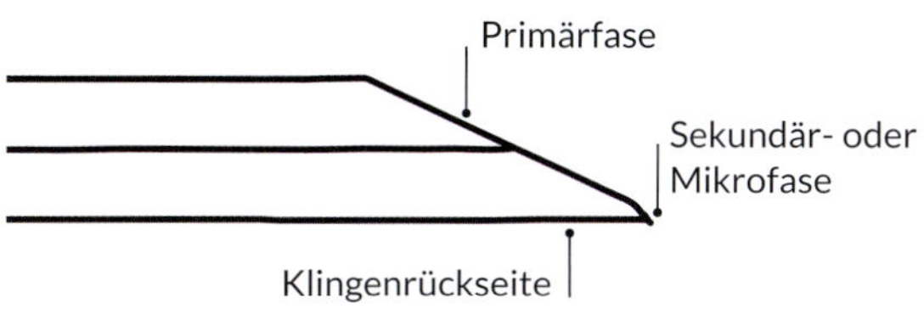

Eine Sekundärfase beschleunigt und erleichtert das Schärfen und stärkt die Schneidkante.

Eine fein abgezogene, polierte Kante ist bereit für ihren Einsatz.

Der Schärfetest

Es gibt vielerlei Arten, die Schneidkante auf Schärfe zu überprüfen. Manche Menschen versuchen, die Härchen auf ihren Armen abzurasieren. Aus Sicherheitsgründen empfehle ich das nicht. Ich prüfe die Klinge an einer glatten Fläche auf der Rückseite meines Daumennagels. Hakt die Klinge ein, anstatt darüberzurutschen, bin ich sicher, dass sie scharf ist. Ist sie stumpf, rutscht sie ansatzlos über meinen Nagel.

Ein besserer Schärfetest ist, zu versuchen, das Hirnholz eines Weichholzes abzuschaben. Zerstößt die Klinge die Fasern eher, anstatt sie sauber zu schneiden, müssen Sie noch mehr Arbeit in das Abziehen der Klinge stecken.

Prüfen Sie, ob die Schneidkante bei leichtem Druck Ihren Daumennagel „einfängt“. Rutscht sie ab, muss sie noch abgezogen werden.

Wenn Ihr Stemmeisen beim Abschaben des Hirnholzes eines Weichholzes Kringel erzeugt, haben Sie das Ziel erreicht: eine rasiermesserscharfe Klinge.

Lochbeitel

Lochbeitel sind so konzipiert, dass sie viele Schläge mit dem Hammer aushalten, um die anfallenden Reste von Zapfenlöchern zu lösen. Auf die Schneidkante wirkt viel Kraft. Daher verfügen sie auch über viel dickeren Stahl für ihre Klingen. Ein Vorteil dessen ist, dass dieser eine breite Fase formt, wodurch sich das Werkzeug leichter freihändig schärfen lässt, wenn man sich traut.

Möchten Sie eine Schärfhilfe verwenden, stoßen Sie vielleicht auf einige Schwierigkeiten. Aufgrund der dickeren Klinge kann der Beitel in den meisten Führungen nicht sicher befestigt werden. Die Schärfführung „Veritas Mk.II" für schmale Klingen verfügt über eine zusätzliche Lochbeitelbefestigung, die Sie käuflich erwerben können und die das Festklemmen von Lochbeiteln ermöglicht.

Der Schärfprozess von Lochbeiteln ist der gleiche wie für die zuvor behandelten Standardstemmeisen (siehe S. 50). Es ist wichtig, dass die Rückseite nahe der Schneidkante plan ist. Dann können Sie sich auf die Fase konzentrieren.

Der Fasenwinkel eines Lochbeitels liegt herstellerseitig bei 25°, doch wegen der konstanten Schlagkraft des Hammers erzeugen die meisten Holzwerker eine Sekundärfase nahe an 30°. Dies stärkt die Schneidkante effektiv, während Sie immer noch scharf genug ist, um durch Holzfasern zu schneiden.

Ist die Fase geschliffen und die Schneide scharf, überspringen einige Holzwerker das Abziehen und Polieren des Lochbeitels. Immerhin handelt es sich um ein Werkzeug zur Grobbearbeitung einer Aushöhlung im Holz. Andererseits sind andere überzeugt, dass diese Schritte zu saubereren und schnelleren Schnitten führen. In jedem Fall erfordern Lochbeitel aufgrund der konstanten Belastung durch den Hammer, die auf die Schneidkante wirkt, regelmäßigeres Schärfen.

Lochbeitel haben dickere Klingen mit einer breiten Fase zum Schärfen.

Lochbeitel sind ebenso zu schärfen wie Standardstemmeisen: die Rückseite abrichten und die abgefaste Kante schleifen.

Schrägbeitel

Schrägbeitel sind Spezialwerkzeuge mit schräger Schneidkante. Sie sind unübertroffen beim Schneiden und Schälen sowie um in enge Winkel zu gelangen.

Für Einsteiger kann der Gedanke daran, einen Schrägbeitel schärfen zu müssen, einschüchternd wirken. Immerhin müssen sowohl der Winkel der Schneidkante als auch der Fasenwinkel aufrechterhalten werden. Tatsächlich ist er nicht anders zu schärfen als ein Standardstemmeisen. Entscheidend ist, wie Sie die Klinge während des Schärfens halten.

Ich verwende gern die kinderleicht bedienbare Einstelllehre für Lochbeitel des Schärfsystems „Veritas Mk.II“. Mit ihr lassen sich der richtige Schrägwinkel und der Fasenwinkel gleichzeitig einstellen. Dann können Sie die Klinge in die Schärfvorrichtung einspannen und diese Winkel beibehalten.

Sie können einen Schrägbeitel auch freihändig schärfen. Der knifflige Teil dabei ist, dass die Fase flach auf dem Schleifstein aufliegen muss. Vielleicht müssen Sie mit der richtigen Handposition herumexperimentieren, damit Fase und Schrägwinkel erhalten bleiben. Mit ein bisschen Übung ist das nicht so schwer.

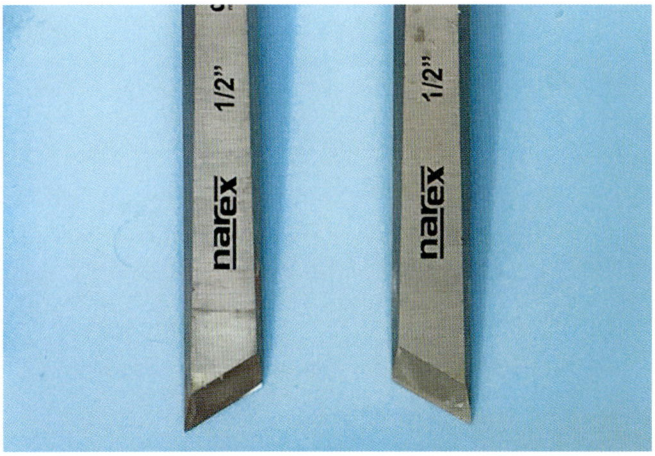

Einen Schrägbeitel zu schärfen muss nicht einschüchternd sein. Der Trick ist, sicherzugehen, dass die Vorderseite der Fase in Kontakt mit dem Schleifstein bleibt.

Mit der schrägen Klinge sicher in einer Schärfvorrichtung dem gleichen Schärfprozess folgen.

Die „Veritas“-Einstelllehre senkt das Frustrationslevel beim Einspannen einer schrägen Klinge in eine Führung ungemein.

Beim Freihandschärfen sparen Sie sich die Mühe, eine Schärfführung oder -schablone zum Halten der Klinge zu verwenden. Sie müssen nur die richtige Handposition einüben.

Elektrische Schleifgeräte

Wenn Sie das Schärfen von Stechbeiteln per Hand als mühsam empfinden, insbesondere, wenn Sie häufig schärfen, wünschen Sie sich vielleicht eine strombetriebene Lösung. Es gibt unzählige Maschinen und Geräte, die man hier erwerben kann.

Standschleifgerät (Schleifbock)

Eines der häufigeren Werkzeuge zum Schärfen, an das Menschen denken, ist ein Standschleifgerät für die Werkbank. Ich empfehle den typischen Schleifbock zum Werkzeugschärfen nicht; er ist zur Metallbearbeitung konzipiert, wo schnell viel Material abgetragen werden muss. Ein Standardstandschleifsystem läuft typischerweise mit einer Drehzahl von 3500 Umdrehungen/Minute oder höher. Man braucht eine Menge Übung und Erfahrung, um ein derartiges Gerät zum Schärfen von Werkzeug zu verwenden. Die Reibung während des Schleifprozesses baut Hitze auf. Zu viel Hitze kann den Stahl an der Schneidkante beschädigen und weich machen. Es ist daher wichtig, die Klinge während des Schärfens kühl zu halten.

Ich suche stattdessen nach Schleifgeräten mit niedrigeren Drehzahlen (1750 Umdrehungen und weniger). Sie erzeugen immer noch Hitze, aber der Temperaturanstieg ist langsamer und somit leichter kontrollierbar, was hilft, die Klinge kühl zu halten. Es ist ratsam, einen Wasserbehälter zum Kühlen der Klinge in der Nähe zu haben. Wird das Metall zu heiß, um es noch bequem anfassen zu können, steckt man es am besten in kaltes Wasser.

Die zweite Überlegung bei der Verwendung eines Schleifgeräts sind die Schleifmittel. Ein Standard-

Ein Standschleifsystem ist großartig zum Wiederaufbau einer Schneidkante. Es ist wichtig, sicherzugehen, dass das Werkzeug nicht zu heiß wird.

schleifgerät ist mit sehr groben Schleifscheiben ausgerüstet, die für schnelles Arbeiten gedacht sind. Sie sind großartig zum Ausschleifen von Kerben und Beschädigungen an der Schneidkante, aber zu grob für die Anforderungen beim Schärfen. Wählen Sie stattdessen Schleifscheiben der Korngröße 120 und höher.

Sie können auch Scheiben aus Presspappe oder hartem Filz für den Schleifbock kaufen. Sie sind geeigneter zum Feinschleifen einer Kante und werden mit einer Polierkomponente verwendet, damit das Werkzeug eine rasiermesserscharfe Schneide erhält.

„Work Sharp"

Eine weitere beliebte Option für ein Schärfsystem ist der „Work Sharp WS3000". Er ist ein niedrigdrehendes Schärfgerät (580 U/min), das selbsthaftende Schleifblätter nutzt, die auf Schleifscheiben montiert werden. Glasscheiben erlauben es Ihnen, auf jeder Seite ein Schleifblatt anzubringen. Ebenfalls inkludiert ist ein geschlitztes Plastikrad, das verwendet wird, um Schnitzwerkzeuge zu schärfen, bei denen Sie den Schärffortschritt an der Schneidkante auf Sicht überprüfen müssen. Der „Work Sharp" verfügt auch über eine einstellbare schräge Werkzeugöffnung zum Einführen von Stemm- und Hobeleisen in gleichbleibendem Winkel.

Das plane Glasrad des „Work Sharp" macht ihn ideal zum Abrichten von Stemmeisenrückseiten und für den Feinschliff von Hobeleisen. Sie können mit einer groben Schleifscheibe beginnen und sich durch die feineren Korngrößen arbeiten, bis die Rückseite plan und poliert ist.

Wenn Sie online nach Verkäufern von Werkzeug und Holzwerkerbedarf suchen, finden Sie Dutzende Optionen zum Schärfen von Stemmeisen. Wählen Sie eine, die zu Ihrem Geldbeutel passt, und lernen Sie, sie effektiv zu nutzen. Mit ein bisschen Übung wissen Sie einen scharfen Stechbeitel bald sehr zu schätzen.

Das „Work-Sharp"-System macht das Ausbessern der Fase zum Kinderspiel.

Der „Work Sharp" minimiert die Mühe beim Begradigen des Stechbeitelrückens.

2:2

Handhobel

In meinen Augen gibt es kein präziseres Werkzeug in der Holzwerkstatt als einen scharfen Handhobel. Richtig geschärft und eingestellt kann ein Handhobel hauchdünne Späne entfernen, um Tischlerarbeiten fein abzustimmen oder eine seidig glatte Oberfläche zu erzeugen, die bereit zum Lackieren ist.

In diesem Abschnitt bespreche ich, wie die Eisen für eine Vielzahl an Hobeln zu schärfen sind. Die gute Nachricht: Viele der Techniken und zahlreiche Ausrüstungsgegenstände sind für Hobeleisen genau die gleichen wie für Stemmeisen.

Halten Sie sich an das vorangegangene Kapitel, um Ihr Wissen über das Abrichten der Rückseite eines Hobeleisens, das Abziehen der Fase und das Aufbauen einer Mikrofase in Erinnerung zu rufen. All diese Informationen lassen sich auch auf Handhobel übertragen.

Es ist eine Freude, einen scharfen Handhobel zu verwenden. Schlüssel dazu sind das richtige Schärfen und Einstellen.

Fase nach oben oder nach unten?

Beim Schärfen von Handhobeln hilft es zu wissen, wie das Eisen im Hobel ausgerichtet ist. Die meisten traditionellen Handhobel (wie in der oberen Illustration) führen ihre Hobeleisenfase nach unten. In der Regel liegt der Fasenwinkel bei ca. 25°. Das Eisen ist mit etwa 45° in den Hobel eingebettet, was bedeutet, dass die Schneidkante das Holz in diesem Winkel erfasst.

Bei einem Hobeleisen mit der Fase nach unten kann der Fasenwinkel leicht variieren und den Gesamtschnittwinkel beim Hobeln dennoch nicht beeinflussen. Beim Hobeln wird die Schneidkante auf den Gesamtanstellwinkel bezogen. Dadurch wird der genaue Fasenwinkel des Hobeleisens weniger wichtig als bei einem Flachwinkelhobel mit der Fase nach unten (siehe unten). Seien Sie jedoch vorsichtig: Ein zu hoher Fasenwinkel (30° und mehr) kann verursachen, dass die Fasenspitze sich in das Holz gräbt, die Schneidkante zu hoch anhebt, um das Holz zu greifen, und der Hobel darum nicht schneidet.

Einige Hobel sind mit der Fase des Eisens nach oben konstruiert. Dieser Aufbau verringert den Schnittwinkel. Das untere Foto zeigt einen Schnitt durch einen modernen Flachwinkelhobel mit der Fase nach oben.

Wie Sie auf dem Foto sehen können, ist die Klinge in einem weit geringeren Winkel eingebettet – in diesem Fall 12°. Beträgt der Fasenwinkel des Eisens 25°, ergibt dies einen Schnittwinkel auf das Holz von geringeren 37° im Gegensatz zu den 45° eines Standardhandhobels. Dadurch ist er unübertroffen im Schneiden von Holzfasern, insbesondere von Hirnholz.

Bei Flachwinkelhobeln mit nach oben ausgerichteter Fase können Sie oft andere Eisen mit höheren Fasenwinkeln erwerben. So ergibt etwa ein Hobeleisen mit einer 38°-Fase einen Gesamtschnittwinkel von 50°, was dem Standardbankhobel mit nach unten gerichteter Fase näher ist. Der Flachwinkelhobel mit nach oben gerichteter Fase ist also das vielseitigere Werkzeug.

Welchen Einfluss hat aber eine nach oben oder nach unten gerichtete Fase auf den Schärfprozess? Gar keinen – mit einer Ausnahme, die ich später ausführe. Sie müssen immer noch die Klingenrückseite plan schleifen und die Fase schärfen.

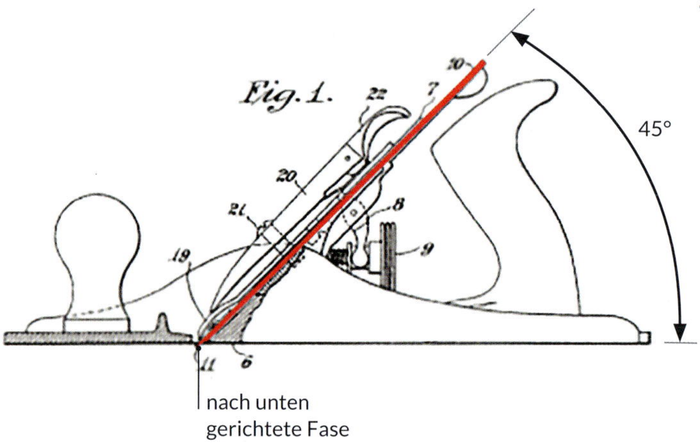

Die Zeichnung dieses US-Patents aus dem frühen 20. Jahrhundert zeigt einen typischen Handhobel mit nach unten gerichteter Fase (rot eingezeichnet).

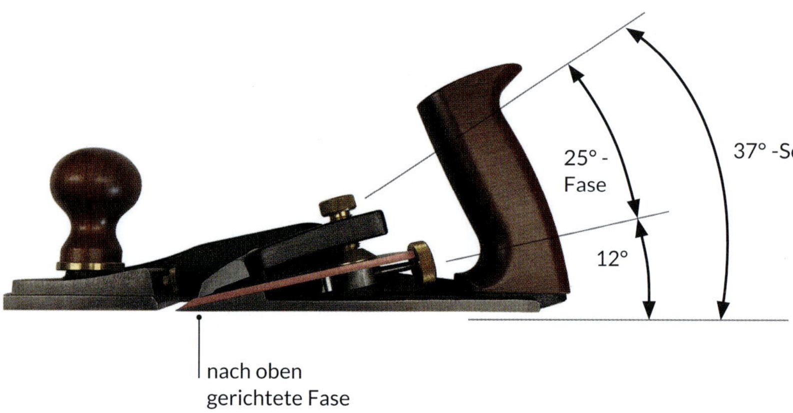

Das Hobeleisen (rot eingezeichnet) in diesem Flachwinkelhobel ist mit der Fase nach oben ausgerichtet.

Hobeleisen schärfen

Wie bei Stemmeisen muss man bei einem Hobeleisen zuerst überprüfen, ob die Rückseite plan ist. Ich färbe die Rückseite des Eisens ca. 25 mm von der Schneidkante mit einem Permanentstift. Dies erzeugt eine optische Referenz, die zeigt, wo Material entfernt wird, wenn das Eisen über ein Schleifwerkzeug gezogen wird.

Das Hobeleisen im Bild wurde ab Werk mit einem hohlen (konkaven) Bereich auf der Rückseite geliefert. Beginnend mit grob gekörnten Schleifsteinen und dann durch feinere Körnungen arbeitend konnte ich schließlich die Schneidkante in alle Richtungen begradigen und polieren. Hat das Eisen eine hohe (konvexe) Stelle, empfehle ich, es zurückzugeben oder – im Falle eines alten Hobeleisens – durch ein neues zu ersetzen. Es bedarf zu viel Arbeit, einen erhöhten Bereich zu entfernen und auf eine plane Oberfläche hinzuarbeiten.

Das untere Foto zeigt eine gewünschte Vertiefung auf der Rückseite eines japanischen Handhobeleisens. Ähnlich wie bei japanischen Stemmeisen lässt sich so die Rückseite an der Schneidkante viel leichter abrichten, weil weniger Material zu entfernen ist.

Die Rückseite dieses Hobeleisens ist eben, wo es am wichtigsten ist – direkt an der Schneidkante.

Japanische Hobeleisen werden mit hohlgeschliffener Rückseite gefertigt, was das Abrichten erleichtert.

Denken Sie daran, dass das Abrichten der Rückseite ein einmaliger Vorgang ist. Ich arbeite mich gern durch immer feinere Körnungen bis hin zu einer spiegelglatten Politur. Diese nehme ich mit einem Wasserschleifstein (Körnung 8000 oder 10.000) vor. Nutzen Sie die feinste Körnung, die Sie haben; Sie können auch nachträglich noch feiner polieren.

Eine plane Rückseite bildet die erste Ebene für die Schärfe, wie bereits ausgeführt (siehe S. 50). Nun können Sie Ihre Aufmerksamkeit dem Schärfen der Fase widmen.

Der Fasenwinkel der meisten Standardbankhobel mit nach unten gerichteter Fase beträgt 25°, allerdings sollten Sie dies überprüfen, bevor Sie die Klinge in eine Schärfführung einsetzen.

Mit dem sicher in die Schärfvorrichtung geklemmten Hobeleisen sind Sie bereit, mit dem Schärfen zu beginnen. Bei einem neuen Hobeleisen, das vielleicht noch fabrikseitige Schleifspuren hat, beginne ich mit einer relativ groben Korngröße (200–400). Sind diese Kratzer entfernt, bewege ich mich Stück für Stück durch die feineren Körnungen, bis die Fase poliert ist. Denken Sie daran, die Klinge immer wieder abzuwischen, um keine groben Körner auf einen feineren Schleifstein zu übertragen.

Sich bis zu den feineren Korngrößen durchzuarbeiten sorgt für eine polierte Oberfläche.

Hier stelle ich den Fasenwinkel in einer Schärfführung ein, um die Fase eines Hobeleisens zu schärfen. Folgen Sie dazu der Gebrauchsanweisung Ihrer Schärfvorrichtung.

Sind die Kratzer der vorherigen Körnung entfernt, können Sie zur nächstfeineren wechseln.

Überprüfen Sie Ihren Fortschritt regelmäßig. Es macht nichts, noch einmal auf eine gröbere Korngröße zurückzugreifen, wenn Sie auf Kratzer stoßen, die sich nicht so schnell entfernen lassen. Sie können sich dann wieder zu einer feineren Politur zurückarbeiten.

Wurde Ihr Hobeleisen mit einem Standardfasenwinkel von 25° geschliffen, können Sie die auf Seite 70 gezeigte „Fast-Track"-Schärfführung verwenden. Sie ist ein bisschen unkonventionell, weil sie die Klinge an der Stelle hält, während der Schlitten vor und zurück bewegt wird, um einen kleinen Diamantschleifstein über die Fase zu bewegen. Betrachten Sie sie als Schärfführung und Schleifstein in einem. Diese Vorrichtung nutzt kleine austauschbare Diamantschleifsteine verschiedener Korngrößen zum Schärfen der Fase.

Die Schärfführung verfügt auch über einen planen Bereich mit einer Diamantbeschichtung, der dazu gedacht ist, etwaige Grate, die sich während des Schärfens der Fase bilden können, von der Klingenrückseite zu entfernen.

Verwenden Sie die Gesamtlänge des Schleifsteins, während Sie gleichmäßigen Druck auf die Klingenbreite ausüben. Die Fase dabei in Kontakt mit dem Stein halten.

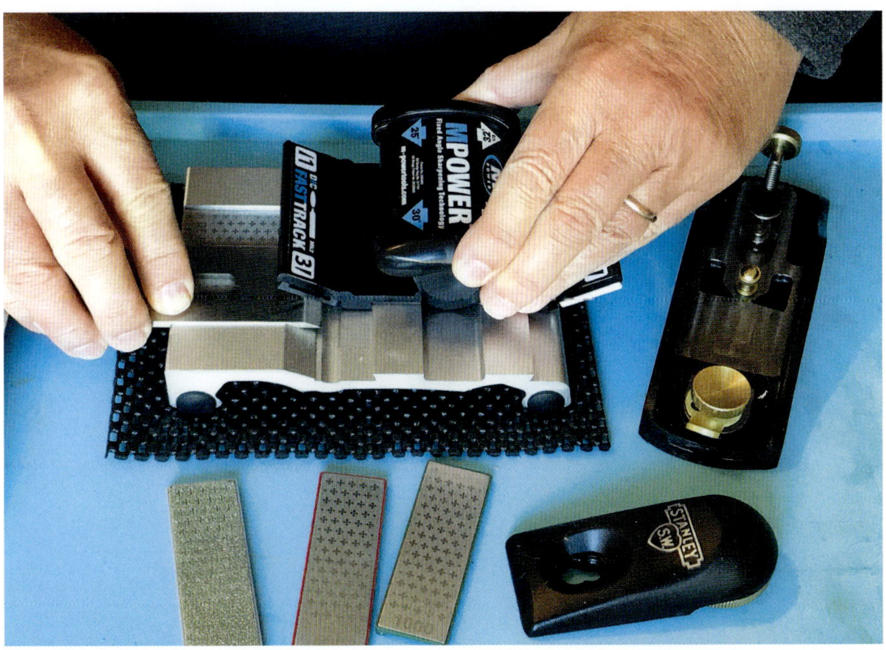

Diese Schärfvorrichtung bedient sich eines gleitenden Schlittens, um den Diamantschleifstein entlang der Fase einer Klinge zu bewegen.

Die Schärfvorrichtung „Fast Track“ von MPower nutzt kleine Diamantschleifsteine, die mit Magneten befestigt werden.

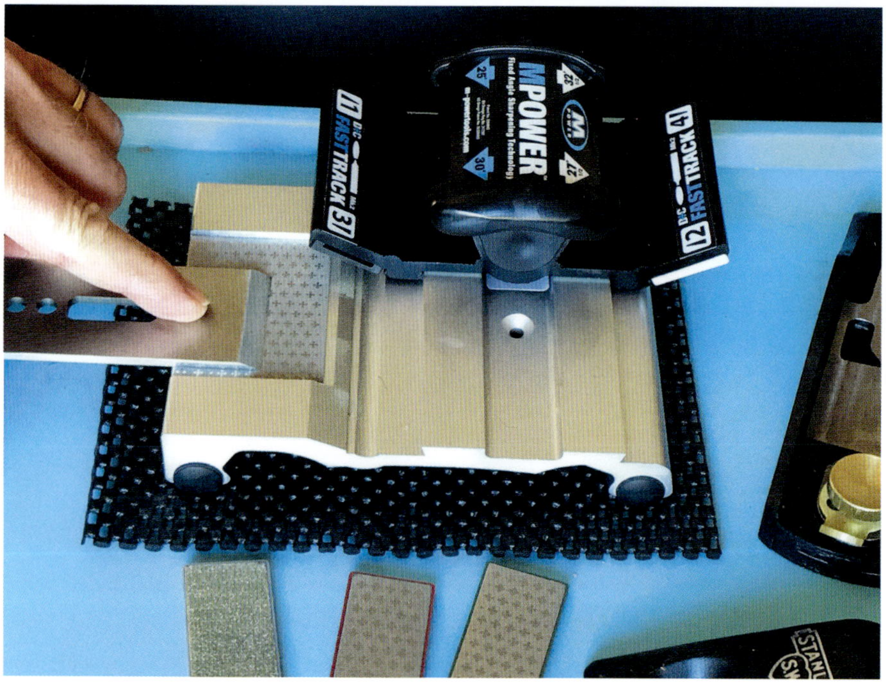

Mit der flachen, auf der Diamantoberfläche liegenden Klinge in der Führung weg von der Schneidkante ziehen, um etwaige Grate zu entfernen.

Eine Mikrofase aufbauen

Wenn Sie bei einem Hobeleisen eine Mikrofase oder eine Sekundärfase aufbauen wollen, gibt es einige Möglichkeiten dafür.

Bei der auf der gegenüberliegenden Seite gezeigten Schärfvorrichtung sind die Diamantschleifsteine in einem Winkel von 2,5° auf den Stein ausgerichtet. Je nach ihrer Ausrichtung können Sie eine Mikrofase von 2,5° oder 5° ausarbeiten, indem Sie einfach die Position des Steins in der Führung austauschen.

Einige konventionelle, altmodischere Schärfführungen verfügen über einen Mechanismus, um eine Mikrofase auszuarbeiten. Ich finde, dies geht ebenso schnell und leicht per Hand. Dazu legen Sie das Eisen auf den Schleifstein und wiegen die Fase, bis Sie fühlen, dass sie plan auf dem Stein aufliegt. Dann heben Sie nur das hintere Ende des Hobeleisens ein kleines bisschen an (1–2°) und führen ca. 6 Striche über den Stein aus. Mehr ist nicht notwendig.

Ich baue eine Mikrofase gern auf dem Schleifstein auf. Ich halte die Klinge wie gezeigt und führe ein paar Striche der Steinlänge nach aus.

Freihandschärfen

Habe ich die Fase eines Hobeleisens mit einer geraden Schneidkante plan geschliffen, führe ich die meisten meiner Schärfarbeiten freihändig aus, ohne die Hilfe einer Schärfführung. Dieser Gedanke mag etwas Respekt einflößend sein, aber mit ein bisschen Übung lernen Sie schnell, dass sich eine Klinge so schnell und leicht ausbessern lässt. In der Zeit, die Sie brauchen, um die Klinge in einer Führung zu befestigen, könnten Sie sie auch schon per Hand schärfen und wieder zu Ihrer Arbeit zurückkehren.

Es gibt einige Methoden, wie Sie das Eisen halten können. Eine ist mit beiden Händen, wie unten gezeigt.

Diese Methode, bei der die Schneidkante des Hobeleisens parallel zu den Enden des Schleifsteins verläuft, kann sich als schwierig erweisen. Man tendiert dazu, das Eisen beim Ausstrecken der Arme zu bewegen. Um beim Schärfen die Ausrichtung und Winkelung des Eisens zu halten, ist Übung notwendig.

Die Fase des Hobeleisens während des Strichs mit zwei Händen flach auf dem Schleifstein halten. Versuchen Sie, das Eisen nicht zu verwackeln, da dies die Kante abrundet.

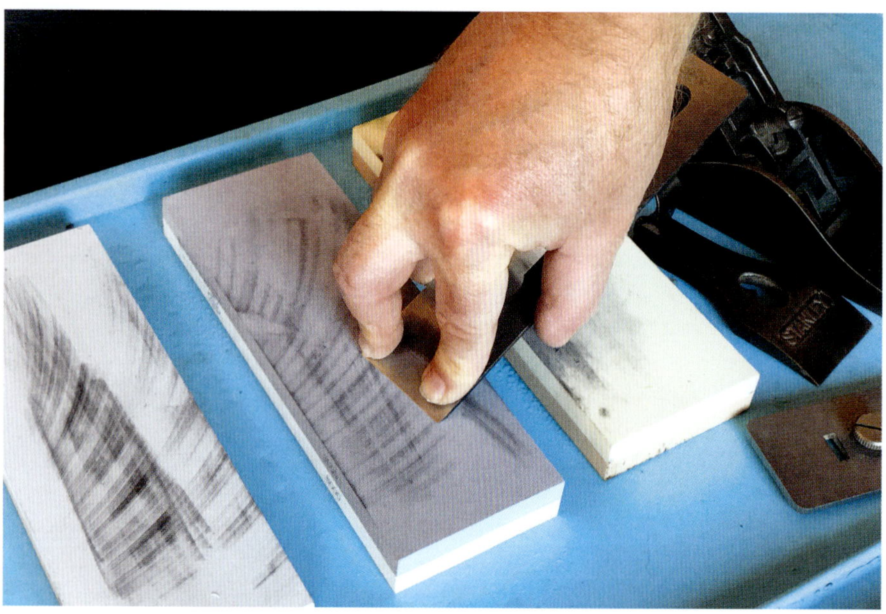

Die Schneidkante des Eisens parallel mit den langen Seiten des Schleifsteins auszurichten hilft, die Fase während des Schärfens plan auf dem Stein aufliegen zu lassen.

Eine weitere Methode und gleichzeitig die, die ich am häufigsten anwende, ist die Ausrichtung des Eisens der Seite nach, sodass die Schneidkante eher parallel zu den langen Seiten des Schleifsteins ausgerichtet ist.

Japanische Hobeleisen sind im Vergleich zu ihren westlichen Gegenstücken recht dick. Einige sind handgeschmiedet, weshalb es zu Unregelmäßigkeiten in der Metallstärke kommen kann. Hobeleisen können auch keilförmig geformt sein, sodass sie sich über ihre Länge verjüngen. Aus all diesen Gründen ist die Verwendung einer Schärfvorrichtung schwierig. Einzige Option ist das Freihandschärfen.

Glücklicherweise gestaltet sich dieses bei einem japanischen Hobeleisen einfacher als bei den dünneren Exemplaren westlicher Bauart. Die zusätzliche Stärke des Eisens sorgt für eine besonders breite Fase. Dadurch besteht genug Oberfläche, um die Fase plan auf dem Schleifstein zu halten.

Haben Sie die Fase poliert, können Sie entscheiden, ob Sie eine Mikrofase aufbauen möchten. Der Vorgang dafür ist der gleiche. Heben Sie einfach das obere Ende des Hobeleisens 1–2 Grad an und führen Sie etwa ein halbes Dutzend Schleifstriche entlang des Steins aus.

Die zusätzliche Stärke eines japanischen Hobeleisens erzeugt eine breite Fase, die sich leichter mit Freihandtechniken schleifen lässt.

Mit dem plan auf dem Schleifstein liegenden japanischen Hobeleisen Striche entlang der gesamten Schleifsteinlänge ausführen; die Fase bleibt dabei plan.

Eine abgerundete Kante erzeugen

Die meisten Holzwerker arbeiten eine leichte Abrundung (Verrundung) an der Schneidkante ihres Hobeleisens aus, insbesondere bei traditionellen Hobeln mit nach unten gerichteter Fase. Diese Verrundung ist ein kaum wahrnehmbarer Radius. Er beläuft sich auf die Entfernung einiger Hundertstel mm an den Ecken der Schneidkante.

Man rundet ab, um dem Hobel zu erlauben, eine glatte Oberfläche zu bilden, ohne dass die Ecken des Hobeleisens sich in das Holz graben und gerade Rillen hinterlassen. Eine abgerundete Schneide sorgt für einen dickeren Span in der Mitte, der sich zu den Seiten hin verjüngt und ausdünnt. Behalten Sie im Hinterkopf, dass dies auf mikroskopischem Niveau passiert und mit bloßem Auge kaum zu sehen ist. Nach dem Ausführen überlappender Hobelstriche, z. B. zum Glätten eines breiten Bretts, sind diese winzigen Unterschiede in der Hobelspandicke für das Auge nicht sichtbar, und die daraus resultierende Oberfläche fühlt sich seidig glatt an.

Ein abgerundetes Hobeleisen lässt Sie eine breite Oberfläche spiegelglatt hobeln.

Mit dem in der Schärfführung eingespannten Hobeleisen den Druck nur auf eine Ecke ausüben und ca. 6–10 Striche ausführen.

Eine abgerundete Schneide zu formen ist einfacher als man denkt. Tatsächlich habe ich auf die harte Tour gelernt, dass es leicht ist, eine viel zu starke Verrundung zu schleifen. Hier meine Technik, die das Ganze kinderleicht macht:

Der Vorgang besteht lediglich aus mehr Druck auf einer Hobeleisenseite für ein paar Striche. Dies mache ich auf einem feinen Schleifstein. Dann wiederhole ich den Prozess mit derselben Schleifstrichanzahl an der anderen Ecke.

Bei neuen Hobeleisen führe ich einen Arbeitsschritt mehr aus: Ich nehme einen groben Schleifstein oder eine feine Feile und breche die scharfen Ecken des Eisens. Das dauert nur einige wenige, leichte Striche und hilft, die zuvor erwähnten „Hobelspurlinien", bei denen die Ecken des Eisens Vertiefungen in der Holzoberfläche hinterlassen, zu vermeiden.

Wenn Sie ein Eisen für einen Flachwinkelhobel abrunden, müssen Sie noch etwas bedenken: Aufgrund der Geometrie des Fasenwinkels und seiner Ausrichtung zum Holz müssen Sie die Größe der Abrundung übertreiben, um den gleichen Effekt zu erzielen wie mit einer kleineren Abrundung bei einem Standardbankhobel mit nach unten gerichteter Fase. Das bedeutet nur ein paar mehr Striche auf dem Schleifstein, während Sie Druck auf jede Ecke ausüben.

Den Vorgang auf der gegenüberliegenden Seite des Hobeleisens zu wiederholen, führt zu minimal abgerundeten Schneiden.

Verwenden Sie eine Feile zum Brechen der scharfen Ecken eines neuen Hobeleisens. Aber sachte – es sind nur ein paar Striche.

Abziehen

Für den letzten Schliff ihrer Hobeleisen nehmen einige Holzwerker einen Schritt mehr in Kauf und verwenden ein Abziehmittel. Ich verwende ein auf einen Sperrholzblock geklebtes Stück Leder. Nach dem Auftragen des grünen Mittels nehmen Sie 15–20 Striche mit der Fase nach unten vor und ziehen dabei das Eisen mit moderatem Druck nur zu sich. Achten Sie darauf, das Eisen zwischen den Strichen anzuheben, um nicht versehentlich in das Leder zu schneiden.

Das Abziehen des Hobeleisens führt zu einer spiegelblanken Politur und einer rasiermesserscharfen Klinge.

Nut- und Simshobel

Sims- und Nuthobel sind großartige Ergänzungen im Werkzeugkasten eines Holzwerkers. Richtig geschärft und eingestellt sind sie unübertrefflich bei der Feinbearbeitung von Verbindungen, etwa Zapfen-, Feder- und Nutverbindungen.

Um das Eisen zu schärfen, folgt man dem gleichen Plan wie beim normalen Hobeleisen. Dazu verwende ich gern meine Schärfführung. Das erleichtert es, sicherzustellen, dass die Schneidkante an den Seiten des Eisens rechtwinklig bleibt, was unerlässlich ist, um die beste Leistung aus dem Hobel herauszuholen.

Bei einigen Schärfvorrichtungen mag es schwierig sein, die unregelmäßig geformte Klinge eines Sims- oder Schulterhobels zu befestigen. Hier können Sie zur Not und mit ein wenig Vorsicht auch freihändig schleifen.

Wie bei anderen Hobel- oder auch Stemmeisen können Sie entscheiden, ob Sie den zusätzlichen Arbeitsgang des Formens einer Mikrofase und Abziehens der Schneidkante auf sich nehmen möchten.

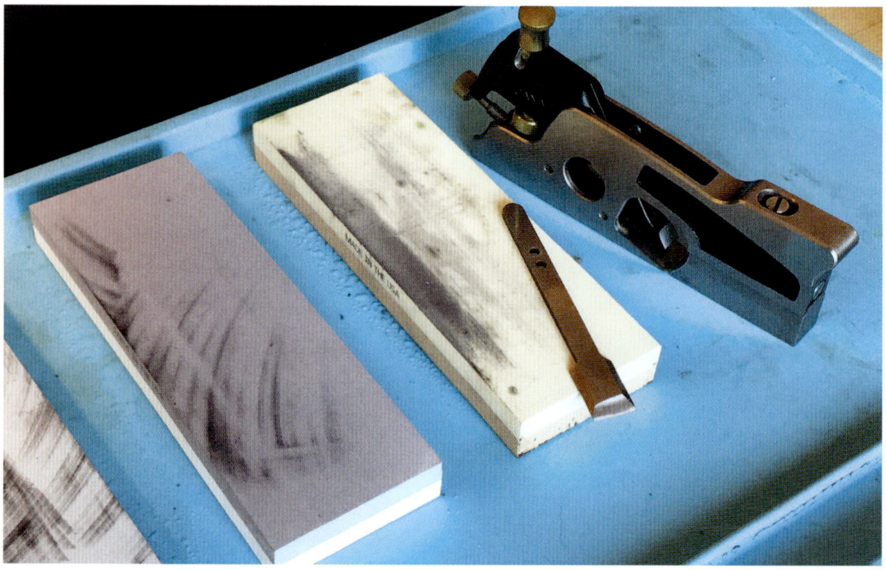

Das Eisen eines Simshobels zu schärfen ist nicht schwer; es erfordert nur ein bisschen mehr Aufmerksamkeit, damit die Schneidkante rechtwinklig bleibt.

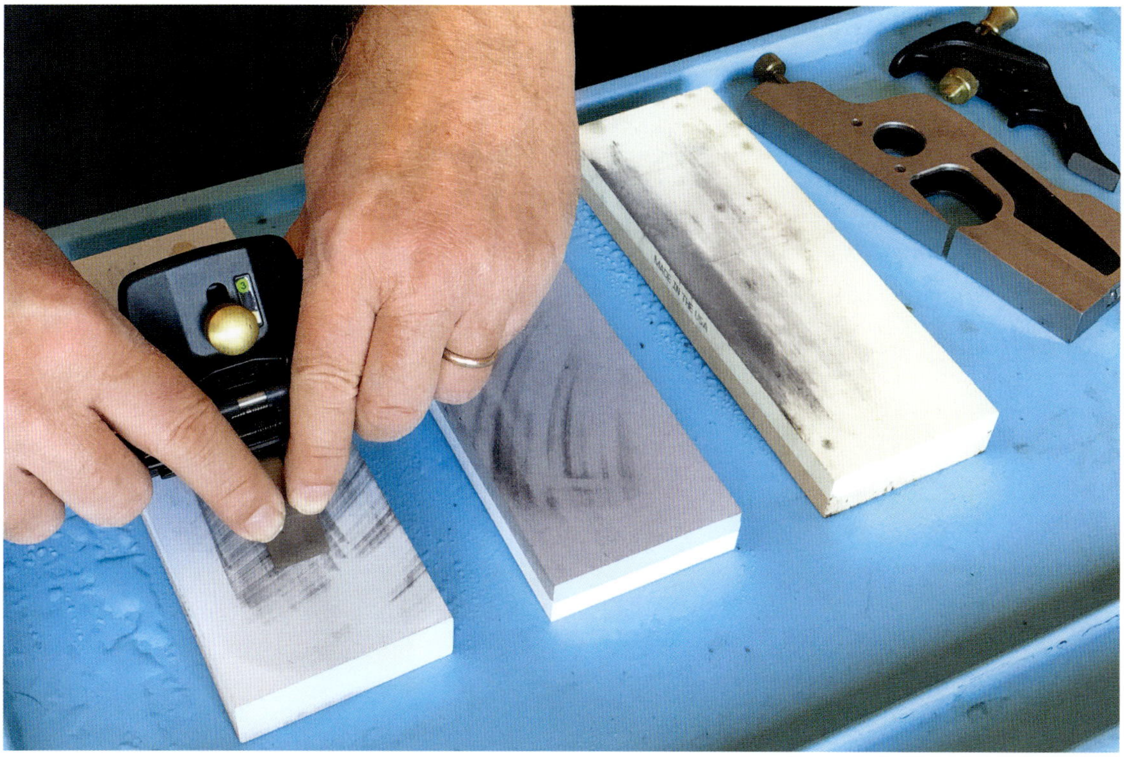

Eine Schärfvorrichtung hilft, die Klinge sicher zu halten, um die Fase im rechten Winkel zu den Seiten des Eisens feinzuschleifen.

Ein Simshobeleisen zu schärfen bedeutet einfach, vorsichtig zu sein und gleichmäßigen Druck entlang der Fase auszuüben. Für die richtige Technik ist ein bisschen Übung notwendig.

Schweifhobelklingen

Ein Schweifhobel ist praktisch zum Ausarbeiten runder Formen, etwa für Stuhlsprossen oder den geschwungenen Querbalken eines Tisches. Sein Eisen ähnelt einem Bankhobeleisen, ist aber viel kürzer.

Wie zuvor sollten Sie sichergehen, dass die Rückseite des Eisens plan ist. Sie sollten auf eine spiegelglatte Politur abzielen. Ist dies erledigt, können Sie sich auf die Fase konzentrieren.

Da das Eisen kürzer ist als das eines Bankhobels, lässt es sich vielleicht nicht sicher in einige Schärfvorrichtungen einspannen. Es könnte einfacher sein, das Eisen mit Freihandtechniken zu schärfen. Der Trick ist, die Fase während des Schärfens in einem gleichbleibenden Winkel auf dem Stein zu halten. Darum ziehe ich die unten gezeigte Bewegung von einer Seite zur anderen entlang der Schleifsteinlänge vor.

Nach der Politur der Fase legen Sie die Klinge mit der Rückseite der Schneidkante plan auf den Stein. Führen Sie 1–2 Striche weg von der Schneidkante aus, um etwaige Grate zu entfernen.

Behandeln Sie ein Schweifhobeleisen einfach wie das eines traditionellen Handhobels.

Schräge Klingen

Einige Handhobel, insbesondere jene, die speziell für Verbindungen konzipiert sind, haben eine schräge Klinge. Das bedeutet lediglich, dass die Schneidkante schräg zu den Seiten des Eisens statt im rechten Winkel verläuft (siehe Foto unten).

Einige Schärfvorrichtungen sind nicht dazu gedacht, eine schräge Klinge sicher darin zu befestigen. Nun kann man eine spezielle Schrägwinkelvorrichtung für die Schärfhilfe verwenden. Nachdem das Eisen sicher in der Führung befestigt wurde und Sie doppelt geprüft haben, dass die Fase plan auf dem Schleifstein aufliegt, sind Sie bereit zum Schleifen. Der Vorgang ist gleich wie für herkömmliche Hobeleisen, nur dass es keine Verrundungen zu schleifen gibt.

Wenn Ihnen die Verwendung der Schärfführung Schwierigkeiten bereitet, können Sie das schräge Hobeleisen auch freihändig schärfen. Wie zuvor erwähnt geht es nur darum, die Fase beim Schärfen plan auf dem Stein zu halten (siehe S. 57).

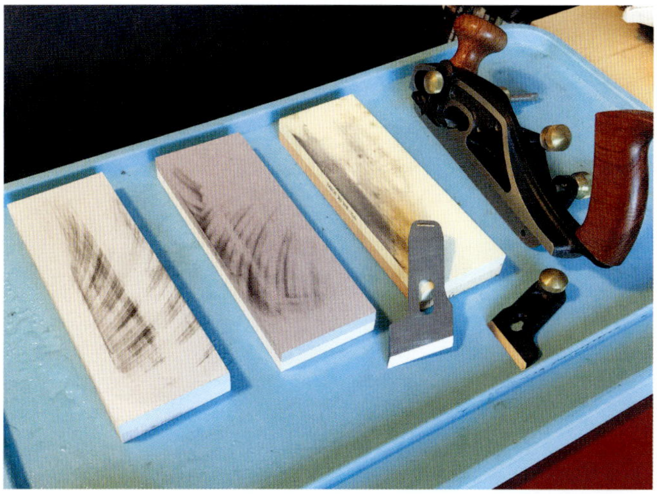

Eine schräge Klinge zu schärfen kann mit traditionellen Schleifhilfen zur Herausforderung werden.

Beim Schärfen eines schrägen Hobeleisens gleichmäßigen Druck auf die Klinge ausüben.

Mit diesem Zubehör für die Schärfführung lässt sich eine schräge Klinge im richtigen Fasenwinkel befestigen.

Ein schräges Hobeleisen freihändig zu schärfen bedeutet, sich auf die plan auf dem Stein aufliegende Fase zu konzentrieren. Solange dies eingehalten wird, kann man um den Schrägwinkel unbesorgt sein.

Grundhobel

Der Grundhobel ist noch so ein Werkzeug, das bei Verbindungen gelegen kommt, insbesondere, wenn Sie gern mit Handwerkzeugen arbeiten. Es gibt eine Vielzahl an Klingen für ihn zu kaufen. Ihre Hauptfunktion ist es, in einer festgelegten Tiefe eine Oberfläche zu erzeugen, etwa eine Nut.

Ganz gleich, ob Sie einen alten, antiken Grundhobel oder einen neu gekauften haben, es ist ratsam, sicherzugehen, dass die Klingenrückseite plan ist. Denken Sie an unsere Regel: Zwei plane Ebenen, die einander schneiden, erzeugen eine scharfe Schneidkante.

Die Klingenrückseite sollte bis zur Schneidkante glatt sein.

Eine Grundhobelfase zu schärfen mag ein paar Überlegungen erfordern. Sie müssen die Fase flach auf den Stein bringen, doch der Schaft der Klinge ist im Weg.

Auch wenn Sie Spannvorrichtungen kaufen oder herstellen können, die beim Schleifen von Grundhobeleisen helfen, sind diese doch leicht per Hand geschärft.

Die Klingenrückseite des Grundhobeleisens zu begradigen ist der erste Schritt in Richtung Schärfe.

Den Schleifstein parallel und in die Nähe der Werkbankkante zu bewegen ist eine leichte Lösung dafür. Eine weitere Lösung ist, den Stein anzuheben, um Platz für den Schaft zu schaffen.

Sind die Handhobel stets scharf und einsatzbereit, macht die Arbeit in der Werkstatt gleich viel mehr Spaß. Und wenn Sie merken, dass sie nicht so funktionieren, wie sie sollten, können Sie mit dem Wissen, über das Sie jetzt verfügen, flugs die Eisen ausbessern und schnell wieder Ihre Arbeit aufnehmen.

Ist die Klingenrückseite des Grundhobeleisens einmal plan, müssen Sie sie kein zweites Mal abrichten. Sie können sich nun der Fase zuwenden.

Die Fase wie jedes andere Werkzeug schärfen. Ihre breite Fläche hilft, sie plan auf den Stein aufzulegen.

2:3

Ziehklingen (Schaber)

Ziehklingen sind praktisch in der Werkstatt des Holzwerkers. Richtig geschärft können Sie eine Holzoberfläche besser glätten als Schleifpapier. Ziehklingen sind besonders nützlich bei Holzarten mit wilden Maserungsmustern.

Eine Ziehklinge kann eine seidig glatte Oberfläche erzeugen, ohne die Maserung einzureißen. Außerdem sind Ziehklingen praktisch, um Maschinenspuren von Sägen, Hobeln und Dickten zu entfernen.

Eine ordentlich geschärfte Ziehklinge entfernt dünnste Holzschichten für eine glatte Oberfläche.

Einen Grat bilden

Ziehklingen nutzen eine relativ dünne Stahlklinge. Entlang der Schneidkante wird absichtlich ein Grat gebildet. Dieser sorgt für das Abtragen der dünnen Späne.

Um den Zerspanungsvorgang eines Zieheisens oder einer rechtwinkligen Ziehklinge zu verbessern, wird die Klinge während der Verwendung in der Mitte gekrümmt. So entsteht eine leicht gebogene Klinge, die das meiste Material in der Mitte abträgt, während sie sich zu den Kanten hin bis zu gar keinem Abtrag verjüngt. Wenn Sie eine Ziehklinge mit der Hand verwenden, biegen die Daumen die Klinge. Beim Ziehhobel krümmt der Schraubmechanismus die Klinge ein wenig.

Es gibt Ziehklingen in vielen Formen und Größen. Dünnere Klingen können zu einem engeren Radius gebogen werden, um kleinere Bereiche zu glätten als ihre dickeren Gegenstücke.

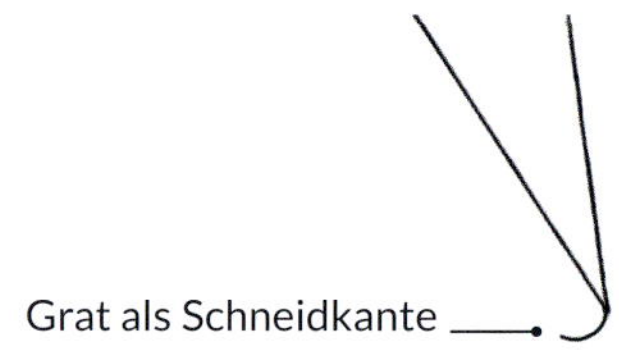

Ein Grat entlang der Schneidkante einer Ziehklinge ist das Geheimnis dünner Späne.

Ein Ziehhobel verhält sich wie ein Schlichthobel, ist jedoch dafür gebaut, die Oberflächen schwer zu hobelnder Werkstücke zu glätten.

Ziehklingen sind in vielerlei Formen und Größen erhältlich. Gebogene Exemplare sind unschlagbar im Glätten von Fußleisten oder Zierleistenprofilen.

Die Ziehklinge schärfen

Unter der Ausrüstung, die Sie zum Schärfen einer Ziehklinge benötigen, finden sich eine Schlosserfeile für gerade Klingen, eine kleine Diamantfeile für gebogene Klingen, ein gehärteter Polierstahl und ein Schleifstein. Vor dem Schärfen der Ziehklinge entferne ich etwaige Grate mit dem Schleifstein, da ein neuer aufgebaut werden soll. Daher mit den rechtwinkligen Kanten beginnen.

Im nächsten Schritt wird die Schneide in Vorbereitung der nächsten Grate geglättet. Dafür klemme ich die Ziehklinge in einen Holzschraubstock und verwende die Feile zum Glätten der Schneide. Glänzt die gesamte Schneide, sind Sie bereit für den nächsten Schritt.

Man braucht vielleicht ein wenig Übung, die Feile im rechten Winkel entlang der Schneide zu halten. Fällt Ihnen dies schwer, können Sie den unten gezeigten Trick anwenden. Ist die Kante rechtwinklig geschliffen, poliere ich sie gern auf einem Schleifstein (Körnung 1000). Dies hilft, dass der daraus entstehende Grat so scharf wie möglich wird.

Nun sind Sie bereit, die Grate aufzubauen. Dafür klemmen Sie die Ziehklinge in einen Schraubstock. Verwenden Sie den Polierstahl (im Holzwerkerbedarf oder Baumarkt erhältlich) für den nächsten Schritt. Zur Not tut es auch ein Schraubenzieher mit rundem Schaft.

Eine Ziehklinge zu polieren ist nicht so schwer, wie man meinen könnte. Es sind nur die Ausübung moderaten Drucks auf den Polierstab und das Ziehen und Schieben über die Schneidkante notwendig. Sie müssen die Ziehklinge nicht drehen – lassen Sie sie einfach über die Kante gleiten und achten Sie darauf, die gesamte Länge zu polieren.

Dieser erste Schritt beginnt, den Stahl an den äußeren Ecken der Ziehklinge zu deformieren. Für den Grat am Ende müssen Sie noch ein bisschen mehr polieren.

Kippen Sie den Polierstab ganz leicht, indem Sie ein Ende anheben. Sie konzentrieren sich nun auf die äußere Ecke. Beim Kippen des Wetzstahls üben Sie weiterhin moderaten Druck nach unten entlang der gesamten Klinge aus. Bewegen Sie den Polierstab weiter, während Sie einige Striche ausführen, und halten Sie ihn weiterhin in einem Winkel von 10–15°. Dieser erzeugt den endgültigen Grat. Sie sollten ihn mit Ihrem Fingernagel erfühlen können.

Verwenden Sie eine Feile, um eine glatte, rechtwinklige Kante auf der Ziehklinge zu erzeugen. Beachten Sie, dass ich meine Zeigefinger gegen die Ziehklinge halte, um die Feile im rechten Winkel zu ihren Seiten zu führen.

Klemmen Sie die Feile in den Schraubstock und verwenden Sie die Arbeitsfläche als Führung, um die Schneide der Ziehkante glatt und rechtwinklig zu feilen.

Den Vorgang auf der anderen Seite der Ziehklinge wiederholen, um am Ende zwei Grate zu haben – einen auf jeder Seite des Werkzeugs. Sie können fortfahren und die Ziehklinge umdrehen, um auch auf der gegenüberliegenden Kante Grate auszuarbeiten, aber Sie müssen die soeben fertiggestellten Grate schützen.

Um eine gebogene Klinge zu schärfen, wird der gleiche Vorgang angewandt. Nachdem sich die gebogene Schneide nicht auf einem Schleifstein polieren lässt, verwende ich gern eine kleine Diamantfeile.

Bei einer gebogenen Ziehklinge einen Wetzstahl zu verwenden, ist leichter als gedacht: Man muss nur daran denken, während der Arbeit Druck auf die Klinge auszuüben.

Eine Besonderheit möchte ich noch ausführen. Bei kleineren Ziehklingen, die sich nur schwer polieren lassen, um einen Haken zu bilden, können Sie durchaus akzeptable Ergebnisse erzielen, indem Sie eine scharfe Ecke entlang der anderen Werkzeugkanten bilden. Dazu mit Schleifstein und Diamantfeile schärfen. Eine scharfe, rechtwinklige Kante ergibt eine effektive Ziehklinge. Tatsächlich haben Handwerker früherer Jahrhunderte Glasscherben als Ziehklingen genutzt.

Das Schärfen der Klingen für einen Ziehhobel oder einen Furnierschabhobel ist nicht schwieriger als das bisher Erklärte. Der Vorgang ist sehr ähnlich; das Einzige, was anders ist, ist die Fase von 45°

Die Vorderseite der Ziehklinge auf den Schleifstein legen und den alten Grat abfeilen. Dies an allen Kanten und auf beiden Seiten der Ziehklinge vornehmen.

Das Werkzeug im rechten Winkel zum Schleifstein halten; die Kante polieren, bis die Kratzer, die die Feile verursacht hat, entfernt sind.

Den Wetzstab in einem Winkel von ca. 10–15° halten, um den letzten Grat entlang der Schneidkante zu bilden.

Ein Wetzstahl deformiert den Stahl an den Kanten der Ziehklinge, um mit dem Bilden eines Grats zu beginnen. Zuerst mit dem Polierstab im rechten Winkel zu den Vorderseiten der Ziehklinge arbeiten.

entlang der Schneidkante. Beim Feilen sollten Sie diesen Winkel auch beibehalten.

Beim Ausarbeiten des Grats mit dem Wetzstahl dem Fasenwinkel folgen und ihn dann leicht kippen, um den schneidenden Grat auf der Klingenrückseite zu formen.

Man braucht keinen sehr spitzen Winkel, um den Grat zu erzeugen. Sie können ihn auch zu weit einrollen, wodurch das Schneiden durch das Holz erschwert wird.

Verwendung und Schärfen einer Ziehklinge erfordern Übung. Anpassungen des Werkzeugwinkels zum Holz sind häufig notwendig, bis man merkt, wie der Grat zu schneiden beginnt. Das ist normal. Müssen Sie die Klinge zu stark anwinkeln, haben Sie es wahrscheinlich bei der Bearbeitung mit dem Wetzstahl übertrieben.

Beim Verwenden der Ziehklinge erhitzt sich die Klinge durch Reibung beim Schneiden. Es dauert nicht lange, und der Grat ist abgewetzt und schneidet nicht mehr so wirkungsvoll. Bei Ziehklingen einfach auf eine frische Schneide umsteigen. Verlieren alle ihre Schneidfähigkeit, wird es Zeit, sie wieder zu schärfen. Haben Sie diesen Prozess einmal erlernt, dauert das nicht lange.

Eine kleine Diamantfeile ist ideal zum Polieren der Schneide einer gebogenen Ziehklinge, bevor Sie den Grat mit dem Wetzstahl erzeugen.

Die Kanten einer gebogenen Ziehklinge wetzen, als wäre sie gerade.

Der Grat eines Furnierschabhobels wird auf der der Fase abgewandten Seite gebildet. Erst im Fasenwinkel wetzen, dann nach und nach den Polierstab ein paar Grad kippen, um den Grat zu erhalten.

Zum Schärfen der Klinge eines Furnierschabhobels die Fase erst mit einer Feile und dann auf einem Schleifstein polieren.

2:4 Schnitzwerkzeuge

Wenn Sie schon einmal Zeit mit Holzschnitzern verbracht haben, entwickeln Sie eine ganz neue Wertschätzung gegenüber scharfen Werkzeugen. Schnitzer sind Schärfefanatiker. Das müssen sie auch sein. Von ihrem gesamten Werkzeug wird erwartet, saubere Schnitte im Holz auszuführen, ganz gleich, wie die Maserung verläuft. Die daraus resultierende Oberfläche ist angenehm glatt und frei von abgerissenen Holzfasern.

Schnitzwerkzeuge lassen sich in vier große Kategorien unterteilen: Stechbeitel, Hohlbeitel, Geißfußbeitel und Messer. Wie zu erwarten haben Stechbeitel gerade Schneidkanten. Stechbeitel zum Schnitzen können über nur ein- oder auch beidseitige Fasen verfügen. Sie werden ähnlich geschärft wie gewöhnliche Stemmeisen für Holzwerker.

Holzschnitzen ist der beste Schärfetest für Ihre Schnitzwerkzeuge.

Ein Streifzug durch die Welt der Schnitzwerkzeuge

Hohlbeitel haben U-förmige Schneidkanten und variieren in Breite und Radius („Stich"). Die häufigste Hohlbeitelart wird mit der Fase außen am Stich gefertigt, was auch als „Anschliff außen" bezeichnet wird. Liegt der Anschliff innen, werden sie mit der Fase im Stich gefertigt. Hohlbeitel sorgen beim Schärfen für einzigartige Herausforderungen, wenn es darum geht, die ursprüngliche Form zu bewahren.

Geißfußbeitel verfügen über V-förmige Schneidkanten, wobei der Winkel des V variieren kann. Zum Schleifen können Sie die Fase auf jeder Seite des V wie einen separaten Stechbeitel behandeln.

Schnitzmesser haben grundsätzlich kurze Klingen, die gerade oder gebogen sein können. Sie werden wie gewöhnliche Messer geschärft.

Eine Sache muss ich jedoch erklären. Jeder Schnitzer hat seine eigenen Vorstellungen von der Form und Beschaffenheit der Schneidkante und der Fase seiner Schnitzwerkzeuge. Nicht selten wird ein Messer neu geschliffen, um den Bedürfnissen des Schnitzers zu entsprechen. Wir fokussieren uns hier auf das Schärfen und Abziehen der Schneidkante, unabhängig von ihrer Form.

Die meisten Schnitzer setzen auf regelmäßiges Schleifen und Abziehen während der Arbeit. Profis nutzen dafür elektrisches Werkzeug. Wir besprechen einige Optionen, mit denen Sie Ihre Schnitzwerkzeuge beängstigend scharf halten können.

Die Wahl des Hobbyschnitzers mag auf Schleifsteine und Abziehleder fallen. Es dauert zwar vielleicht länger, diese Arbeit per Hand anstatt mit einem strombetriebenen Werkzeug vorzunehmen, aber das Ergebnis ist nicht weniger zufriedenstellend. Unabhängig davon, wie Sie Ihr Schnitzwerkzeug schärfen, müssen Sie immer daran denken, das Werkzeug auf dem Schleifmedium weg von der Schneidkante zu ziehen.

Schnitzmesser gibt es mit verschiedensten Klingenformen.

Hohlbeitel

Die Herausforderung beim Schärfen von Hohlbeiteln ist das Erhalten einer gleichmäßigen Schneidkante über den gesamten Stich. Liegt der Anschliff außen, ist dies ein bisschen einfacher, da die Fase sich außen an der Klinge befindet. Die Hauptsache, an die man denken muss, ist das Rotieren des Werkzeugs, während es Kontakt mit dem Schärfmittel hat.

Das Wichtigste, worauf Sie achten sollten, ist das Beibehalten des gleichen Fasenwinkels. Dies ist zwar nicht so kritisch wie bei anderen Werkzeugen, aber Sie erhalten eine gleichmäßigere Schneidkante, wenn Sie diesem Detail Ihre Aufmerksamkeit schenken.

Den Hohlbeitel von einer Seite zur anderen zu rollen, während Sie Ihn zu sich bewegen, ist einer der Schlüssel zu einer glatten Schneidkante.

Den Hohlbeitel an der äußeren Ecke beginnend über den Schleifstein rollen.

Den Stich in der anderen Ecke beenden, während Sie den Hohlbeitel über den Schleifstein ziehen.

Mit dieser Methode lässt sich die Schneidkante schnell und leicht während des Arbeitens ausbessern. Müssen Schneidkante oder Fase neu geschliffen werden, verwenden Sie einen groben Schleifstein und folgen der gleichen Technik. Dann können Sie sich Ihren Weg durch die feineren Korngrößen hin zu einer polierten Schneidkante bahnen.

Ein Werkzeug, das Sie zum Verfeinern der Schneide eines Hohlbeitels verwenden können, ist der Profilstein. Die gibt es in vielerlei Formen für gebogene oder spezielle Schneidkantenprofile.

Bei der Nutzung von Profilsteinen kommt dieselbe Regel zur Anwendung: Ziehen Sie den Hohlbeitel immer weg von der Schneidkante! Nach der Verwendung eines Schleif- oder Profilsteins sollten Sie die Kante mit einem Poliermittel abziehen. Dies ist ein sicherer Weg zu einer möglichst scharfen Klinge.

Zum Entfernen etwaiger Grate auf der Innenseite des Hohlbeitels oder bei im Stich liegendem Anschliff können Sie ebenso einen Profilstein verwenden. Sie können Hohlbeitel mit einem kleinen, um einen Bleistift oder ein Rundholz gewickelten Stück

Beim Ziehen des Hohlbeitels zu Ihnen hin die Schneidkante auf die andere Seite rollen, während der Fasenwinkel erhalten bleibt.

Ein gebogener Profilstein kann beim Schärfen der Schneidkante eines Hohlbeitels helfen.

Ein Profilstein mit konvexer Kante entfernt den Grat eines Hohlbeitels mit Anschliff außen oder poliert die Fase bei Anschliff innen.

Nass-/Trockenschleifpapier oder Läppfolie abziehen. Dies erleichtert das Abziehen des Innenradius des Hohlbeitels.

Ein Trick zum Abziehen der Schneidkante eines Hohlbeitels mit Anschliff außen ist, einen Holzrest und ein Poliermittel zu verwenden.

Sie schnitzen mit dem Hohlbeitel eine Mulde in das Holz, in die Sie dann das Abziehmittel bringen. Da Sie die Vertiefung mit dem Hohlbeitel gefertigt haben, passt ihr Profil garantiert zur Schneidkante des Werkzeugs.

Ziehen Sie das Werkzeug zurück durch die Mulde, weg von der Schneidkante. Machen Sie einige Striche, um die Politur auf die Kante aufzutragen. Sie können die Schärfe des Werkzeugs testen, indem Sie in das Holz schneiden. Das Ergebnis sollte ein sauberer Schnitt ohne Risse und abgeplatzte Stellen sein.

Beim Abziehen von Werkzeug ist Kreativität gefragt. Hier verwende ich um einen Bleistift gewickeltes Schleifpapier, um die Innenkante des Hohlbeitels auszubessern.

Abziehmittel auf eine mit dem zu schleifenden Werkzeug in das Holz geschnitzte Mulde auftragen.

Mit Testschnitten den Schleiffortschritt prüfen.

Geißfußbeitel

Das Schärfen eines Geißfußbeitels funktioniert fast wie das Schärfen eines geraden Stechbeitelpaares. Sie können die Fasen leicht auf einem Schleifstein ausbessern.

Nach dem Schleifen einer Seite des Geißfußbeitels drehen Sie ihn um 90° und wiederholen den Vorgang. Denken Sie daran, immer von der Schneidkante wegzuziehen. Heben Sie das Werkzeug an, bevor Sie es auf der anderen Seite des Steins auflegen, und führen Sie dann die Striche aus.

Die Spitze des V von Stechdrehmeißeln hat einen kleinen Radius. Sie können das Werkzeug vorsichtig an der Spitze drehen, während Sie es über den Stein ziehen. Profilsteine sind praktisch zum Entfernen von Graten an der Innenkante.

Die Fase des Geißfußbeitels flach auf den Stein legen und zu Ihnen ziehen; einige Striche ausführen.

Ein Profilstein mit scharfer Kante gelangt in die engen Ecken.

Schnitzmesser

Sie können ein Schnitzmesser fast wie jedes andere Messer behandeln, wenn es ums Schärfen geht – es muss nur während der Verwendung häufiger abgezogen werden.

Ich verwende einen Schleifstein, um die Schneidkante schön gerade zu halten. Ein grober Schleifstein kann kleine Kerben in der Klinge schnell entfernen und sie wiederherstellen.

Sie können sich durch die feineren Korngrößen arbeiten, bis Sie eine polierte Kante haben. Als Nächstes folgt das Abziehleder, das am Schluss für die rasiermesserscharfe Schneidkante sorgt.

Leder ist als Abziehmaterial kein unumstößliches Muss; Sie können mit fast jedem anderen Material abziehen. Beliebte Optionen sind Hartholz- oder MDF-Plattenreste. Sie können das Hartholz oder die MDF so formen, dass es zum Werkzeug passt, ein Abziehmittel auftragen, und schon sind Sie dabei.

Als Test nach dem Abziehen führe ich einen Schnitt durch das Hirnholz eines Weichholzes aus. Schneidet das Messer die Holzfasern sauber, anstatt sie zu zerbrechen, ist es einsatzbereit.

Versuchen Sie, den ursprünglichen Fasenwinkel beizubehalten, und drücken oder ziehen Sie die Klinge weg von der Schneidkante.

Einige Striche auf einem Abziehleder mit Abziehmittel ausführen. Beide Seiten des Messers gleichermaßen abziehen.

Elektrische Schleifmaschinen

Als fleißiger Schnitzer muss man die Klinge seiner Schnitzwerkzeuge recht oft schärfen. Für gewöhnlich ist nur schnelles Abziehen notwendig. Viele Schnitzer verwenden elektrische Geräte schlichtweg wegen ihrer Schnelligkeit und Effizienz.

Ein häufiges Zubehörteil, das Schnitzer zum maschinellen Abziehen nutzen, ist eine Filz- oder Stoffscheibe („Schwabbelscheibe“). Die weichen Scheiben passen sich, versehen mit einem Abziehmittel, an das Werkzeug an, sorgen für eine spiegelblanke Politur und sind in verschiedenen Größen erhältlich. Einige sind mit Dornen für die Bohrmaschine ausgestattet.

Bei der Verwendung einer weichen Scheibe ist es wichtig, dass die Schneidkante des Werkzeugs in dieselbe Richtung wie die Drehung des Rades zeigt. Sonst könnte sich die Schneidkante in die Scheibe graben und Ihnen das Werkzeug aus der Hand reißen. Darum sind ein wenig Vorsicht und Achtsamkeit angebracht.

Sie können diese Art Schleifscheibe auch für den Schleifbock kaufen, wie unten gezeigt. Nur ein paar

Stoff- oder Filzscheiben sind eine kostengünstige Option, um Schnitzwerkzeuge so scharf wie möglich zu halten.

Die festere Textur dieser Papierscheibe ist vor allem für Messer geeignet, eignet sich aber auch für andere Schnitzwerkzeuge.

Beachten Sie die Werkzeugrichtung im Verhältnis zur sich nach unten drehenden Schwabbelscheibe auf diesem Schleifgerät.

Sekunden in Kontakt mit der Scheibe können die Schneidkante schon ausbessern. Für eine gleichmäßige Politur legt sich die weiche Textur der Scheibe um die Form der Werkzeugklinge.

Ein Hersteller fertigt Schleifscheiben für Schleifböcke aus zusammengeklebten Papierschichten. Diese festeren Scheiben können mit einem Schleifmittel versehen werden, um den meisten Werkzeugen eine Schneide zu verleihen.

Die andere unter Schnitzern und Holzwerkern beliebte Option ist die unten gezeigte niedrigtourige Maschine. Sie nutzt einem Glas oder einer geschlitzten Plastikscheibe hinzugefügte Schleifkörper. Zum Abziehen beginne ich mit Schleifpapier in Korngröße 3600 oder 6000 auf der Glasscheibe.

Die Firma stellt auch Filzscheiben und Abziehleder für das Gerät her. Der Filz verfügt über eine weichere Oberfläche, die sich besser an die Form des Werkzeugs anpasst.

Der Lederschliff ist an einer Glasscheibe befestigt, was für Ebenheit sorgt. Viele Schnitzer verwenden das Abziehleder ausschließlich, um ihr Werkzeug während eines Projekts rasiermesserscharf zu halten.

Ihre Schnitzwerkzeuge scharf zu halten ist der Schlüssel zum Erfolg und zu großartigen Ergebnissen. Sie können die Optionen zum Schärfen und Abziehen wählen, die Portemonnaie und Bedürfnissen entsprechen. Wenn Sie die Vorzüge regelmäßigen Abziehens erst einmal erkennen, werden Sie eine neue Wertschätzung gegenüber scharfem Werkzeug empfinden.

Der „Work Sharp“, der mit einer niedrigtourigen Scheibe und Feinkornschleifmitteln ausgerüstet ist, macht das Abziehen einer Schneidkante zur schnellen Arbeit.

Vor der Verwendung der Filzscheibe ein Schleifmittel auf die Oberfläche auftragen.

Nach dem Auftragen des Schleifmittels auf das Abziehleder entstehen schnell eine spiegelblanke Politur und eine scharfe Schneidkante.

2:5
Gartenwerkzeuge

Beim Gedanken an das Schärfen von Werkzeugen fallen Ihnen Rasen- und Gartenwerkzeuge wahrscheinlich nicht als Erstes ein. Wenn Sie allerdings schon jemals eine stumpfe Rosenschere verwendet haben, wissen Sie zu schätzen, was für einen Unterschied scharfes Werkzeug bei Garten- und Landschaftsgestaltungsaufgaben macht.

Sogar Gartenwerkzeuge wie z. B. Schaufeln, Grubber und Gartenhacken können von schärferen Kanten profitieren. Sie helfen ihnen, sich leichter durch harten Boden zu graben und kleinere Wurzeln zu durchtrennen. Verglichen mit fein geschliffenen Werkzeugen wie Stechbeiteln und Küchenmessern benötigen diese Werkzeuge fürs Grobe keine rasiermesserscharfe Klinge. Aber alles, was Sie tun können, um eine stärker abgefaste Schneidkante zu erhalten, erleichtert den Gebrauch des Werkzeugs.

Schärfbedarf für Gartenwerkzeuge muss nicht umfangreich oder teuer sein. Einige Gartencenter verkaufen billige grobe Schleifsteine zum Schärfen. Sie leisten tolle Dienste an den Kanten von Erde durchschneidenden Werkzeugen wie Schaufeln und Gartenhacken. Sie können auch eine flache Standardmetallfeile aus einem Werkzeugmarkt verwenden.

Die Schneidkanten von Rasen- und Gartenwerkzeugen scharf zu halten macht die Gartenarbeit viel entspannter.

Grabwerkzeuge

Jedes Werkzeug, das sich durch die Grasnarbe oder festen Lehmboden graben muss, kann vom Schärfen profitieren. Die billigsten Schaufelblätter werden aus Stahl in der Fabrik gestanzt; es bleibt eine stumpfe, rechtwinklige Kante zurück. Mit wenig Aufwand können Sie eine leichte Fase entlang der Schneidkante erzielen. Sie werden bemerken, dass Ihre Aushubarbeiten dann weniger anstrengend sind.

Für die abgefaste Kante beginnen Sie mit der Feile oder dem Schleifstein, die an die Werkzeugkante geführt werden, und eröffnen mit der Feilenspitze. Machen Sie eine Wischbewegung entlang der Kante, um eine Fase auszubilden, während Sie nach vorn schieben. Diese Feil- und Wischbewegung entlang der gesamten Werkzeugkante wiederholen. Die Kante muss nicht rasierklingendünn sein. Eine zu scharfe Kante wird bei der Verwendung schnell stumpf. Sie müssen nur die scharfe Ecke abfeilen, um eine leichte Fase aufzubauen.

Bei Werkzeugen, die schon mit Fase aus dem Werk kommen, folgen Sie einfach dem bereits existierenden Fasenwinkel, um die Kante zu verfeinern. Mit regelmäßigem Schärfen werden Sie feststellen, dass man nur ein paar Striche braucht, um sie auszubessern.

Eine Metallfeile oder eine grobe Diamantfeile eignet sich gut, um eine abgefaste Schneidkante an einer Schaufel auszuarbeiten.

Werkzeuge zum Jäten und Anbauen

Genau wie die Schaufel können auch Werkzeuge zum Jäten und Bearbeiten des Bodens von kleinen Schärfarbeiten profitieren. Auch hier ist eine kräftige Schneidkante der Schlüssel. Sie erleichtert es dem Werkzeug, durch Unkraut und Wurzeln zu schneiden oder Erdklumpen aufzubrechen.

Der Vorgang ist gleich wie zuvor: Folgen Sie dem Fasenwinkel mit langen, wischenden Strichen über die Schneidkante. Machen Sie sich keine Gedanken darüber, alle Kerben und Dellen zu entfernen – das Ziel ist es, die rauen Stellen wegzufeilen und die Kante besser zum Graben geeignet zu machen.

Eine raue Diamantfeile ist alles, was Sie zum Schärfen der Kanten eines Jät- und Gartenwerkzeugs benötigen.

Gartenkelle

Nachdem Gartenkellen auch zum Graben von Löchern für Pflanzen oder Samen verwendet werden, können Sie eine Gartenkelle wie eine Minischaufel behandeln. Verwenden Sie eine Feile, um eine Fase entlang der Kante aufzubauen oder zu verfeinern. Bei Gartenkellen, die aus Stahl gestanzt wurden, ist für das Formen der ersten Fase ein bisschen Arbeit vonnöten. Danach hält regelmäßiges Ausbessern mit einem Schleifstein oder einer Feile die Kelle toll in Form für Aufgaben im Garten.

Mit einem groben Schleifstein oder einer Diamantfeile wird das Verfeinern der Kanten einer Gartenkelle für leichteres Graben zu einer schnellen Aufgabe.

Gartenscheren

Es gibt zwei Arten von Gartenscheren: Amboss- und Bypassscheren. Erstere verfügen über eine feste Schneidklinge, die den Pflanzenstamm gegen eine flache Platte (wie einen Amboss) am gegenüberliegenden Scherenblatt drückt. Diese Scherenart ist für harte, holzige Materialien gedacht. Sie sind leicht durch Ausbessern der Fasen an der Schneide zu schärfen.

Bypassscheren wiederum funktionieren eher wie gewöhnliche Scheren. Der Schneidvorgang erfolgt durch Aneinanderreiben der Klingen beim Schließen. Eine oder auch beide Klingen können eine abgeschrägte Schneidkante aufweisen, die scharf sein muss, um effektive Arbeit leisten und saubere Schnitte durch pflanzliches Material ausführen zu können.

Eine spitz zulaufende Diamantfeile hat eine flache Seite, mit der sichergestellt werden kann, dass die Rückseite der Schneide eben ist. Bei Bypassscheren ist es am besten, auch die Klingenrückseiten zu glätten.

Lange, gleichmäßige Striche über die Vorderseite der Fase ausführen, bis die Schneidkante scharf ist.

Beim Schärfen von Bypassscheren sind zwei Oberflächen involviert: die Fase und die „Rückseite“ oder flache Seite der Klinge. Auch hier liegt das Ziel nicht darin, alle Kerben zu entfernen. Es ist wichtiger, darauf zu achten, dass Rückseite und Fase möglichst eben sind und an einer scharfen Kante aufeinandertreffen.

Dafür verwende ich gern Metallbearbeitungsfeilen, Diamantfeilen oder kleine Diamantschleifsteine. Normalerweise beginne ich damit, die Rückseite oder den ebenen Bereich jeder Klinge zu glätten, insbesondere an der Schneidkante.

Ist die Klingenrückseite gerade, können Sie Ihre Aufmerksamkeit der abgefasten Kante widmen. Arbeiten Sie mit langen, schwungvollen Strichen entlang der Fasenlänge und achten Sie darauf, die Feile im Fasenwinkel zu halten. Das mag zuerst schwierig erscheinen, aber man bekommt schnell ein Gefühl dafür, sodass es in Fleisch und Blut übergeht.

Nachdem Sie die obigen Arbeitsschritte abgeschlossen haben, führen Sie einige Probeschnitte an Pflanzen durch. Die Gartenschere sollte sauber durch Stiele schneiden, ohne zu reißen. Manchmal muss man die Spannung an der Schraube, die die beiden Scherenblätter miteinander verbindet, anpassen. Die Schneidkanten sollten beim Schließen während des gesamten Schnitts miteinander in Kontakt sein.

Trimmschere

Trimmscheren sind scherenartiger als alle anderen Gartenwerkzeuge. Die abgefasten Schneidkanten der Scherenblätter arbeiten zusammen, um die Pflanzenfasern mit einem sauberen Schnitt zu durchtrennen. Sind Trimmscheren stumpf, reißen sie eher als zu schneiden und hinterlassen einen fransigen Schnitt.

Ich schärfe die Scheren ziemlich gleich wie Bypassgartenscheren. Ich beginne damit, sie über eine Feile oder einen Schleifstein entlang der Klingenrückseite zu reiben, um hohe Stellen von Kerben oder Dellen in der Schneidkante zu entfernen. Dann kann man sich den Schneidkanten zuwenden. Das Ziel ist es, die Fase auszubessern, bis die Schneidkante scharf ist. Die Kanten Ihrer Gartenwerkzeuge auszubessern ist gute Praxis. Sie scharf und einsatzbereit zu halten sorgt dafür, dass die Zeit im Garten mehr Freude bereitet.

Bessern Sie die Schneidkante der Trimmschere mit einer kleinen Feile aus. Vergewissern Sie sich außerdem auch, dass die Klingenrückseite eben ist.

2:6

Küchenutensilien

Küchenwerkzeuge sind die unbesungenen Helden der Küche. Wir sind auf Messer angewiesen, um unsere Mahlzeiten zuzubereiten. Unglücklicherweise werden Messerklingen stumpf, noch bevor wir es bemerken. Scheren hören auf, sauber zu schneiden, und Sparschäler verbeulen in der Schublade. Zum Glück können Sie die Schneidkanten in nur wenigen Minuten mit ein bisschen Zuwendung und Aufmerksamkeit wieder erneuern.

Abgesehen vom Standardküchenmesserset ist alles, was eine Schneidkante hat, freigegeben zum Schärfen. Gezahnte Brotmesser, Pizzaschneider, Scheren und Obstschäler können alle von einem schnellen Schliff profitieren. Der bescheidene Zeitaufwand lohnt sich dann, wenn das Küchenutensil wieder verwendet werden soll. Ich höre oft: „Wow! Ich wusste gar nicht, dass dieses Ding so scharf sein kann!“

Regelmäßiges Schärfen hält Messer und andere Schneidgeräte tipptopp in Form und immer einsatzbereit.

Ein paar Minuten in das Schärfen von Küchengeräten zu investieren sorgt für einen riesigen Unterschied, wenn Sie als Küchenchef dran sind!

Pflege und Verwendung von Messern

Beim Messerkauf rate ich immer, die beste Qualität zu kaufen, die man sich leisten kann. So erhält man ein Messer aus einem Stahl, der leicht geschärft werden kann und über Jahrzehnte hält. Billige Messer werden oft aus rostfreiem Stahl hergestellt, der sich schwer schärfen lässt. Ihre Schneide ist nicht so haltbar ist wie die höherwertiger Messer.

Verwenden Sie immer ein Schneidbrett oder eine -matte, wenn Sie ein Messer zum Schneiden, Würfeln oder Hacken von Lebensmitteln verwenden. Das ideale Schneidbrett wird aus dem Hirnholz von Harthölzern hergestellt, wie z. B. Ahorn, ähnlich wie Hackblöcke in der Metzgerei. Die Holzfasern helfen, den Aufprall der Schneidkante zu absorbieren. Plastikbretter und -matten sind eine geeignete Alternative. Vermeiden Sie es, Messer auf Hartplastik, Keramik oder Porzellantellern zu verwenden – die harte Oberfläche lässt die Kanten schnell stumpf werden.

Damit Messer länger scharf bleiben, hilft die Reinigung per Hand. Vermeiden Sie es, sie in den Geschirrspüler zu stecken. Wenn das Messer einen Holzgriff hat, hält das Holz den Zyklen aus großer Hitze, Feuchtigkeit und Trocknen im Spüler nicht stand; das Holz trocknet aus und springt. Außerdem können Messer im Geschirrspüler durch die Tätigkeit der Sprüharme herumgestoßen werden. Prallen Sie dabei gegen andere Geräte oder Teller, kann die Schneidkante schartig oder beschädigt werden.

Messer richtig aufzubewahren verlängert die Lebensdauer der Schneidkante, bevor sie geschärft werden muss. Verwenden Sie einen hölzernen Messerblock oder eine andere Methode, um die Messerschneide vor dem Kontakt mit anderen Messern oder Metallobjekten zu bewahren. Haben sie ihren Platz in der Schublade, legen Sie sie in einen Messereinsatz, um zu verhindern, dass die Klinge Schaden nimmt.

Wann immer Sie Besteck zur Lebensmittelzubereitung schärfen, vergewissern Sie sich vor der Verwendung, es gut mit Geschirrspülmittel und Wasser zu waschen. Dies entfernt etwaige Metallpartikel und Schmiermittel.

Ein Messerblock wie dieser hält die Messer getrennt, um die Schneidkanten zu schützen, während sie zur schnelleren Auswahl des richtigen Messers sichtbar sind.

Messerhalterungen für die Wand sparen Platz auf der Arbeitsfläche; die Messer sind leicht zugänglich.

Ein traditioneller Messerblock schützt die empfindlichen Schneidkanten hervorragend, erschwert jedoch die Wahl des gewünschten Messers, da die Klinge im Block versteckt ist.

Dieser Schubladeneinsatz für Küchenmesser verwahrt die Messer sicher und voneinander getrennt zum Schutz der Schneidkanten.

Messer schärfen

Es gibt Dutzende Werkzeuge und Methoden zum Messerschleifen, vom simplen Schleifstein bis hin zu komplexeren Vorrichtungen und Maschinen. Ich zeige Ihnen ein paar Methoden, wie ich gern Messer schärfe, wobei Ihre Werkzeuge und Arbeitsweisen von Ihrem Budget und Ihrer Bequemlichkeit abhängen.

Stahl schärfen

Wenn Sie viele Kochsendungen sehen, haben Sie bestimmt schon einen Küchenchef dabei gesehen, wie er einen Wetzstahl verwendet. In seiner einfachsten Form ist dies ein glatter Stahlstab mit Griff. Sie kennen Ihn vielleicht auch mit kleinen, der Länge

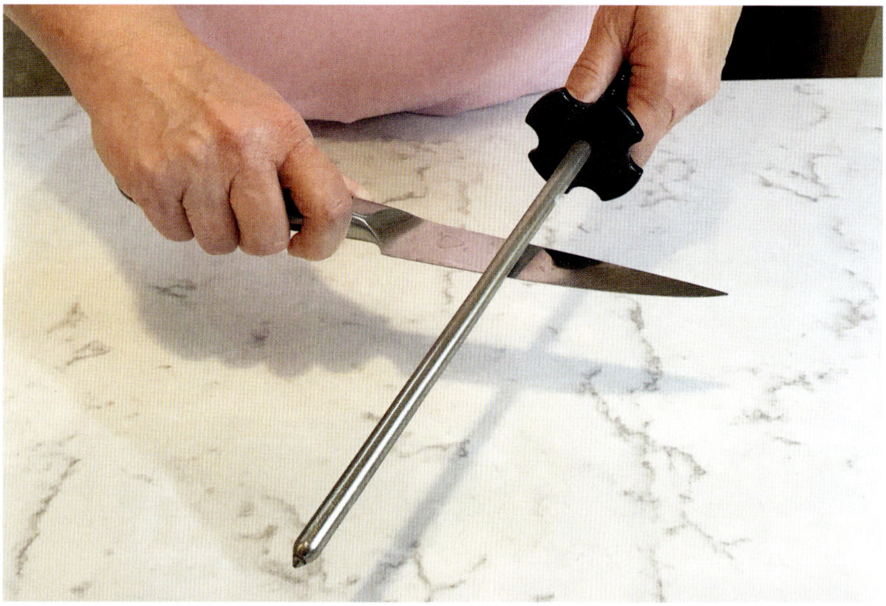

Den Stahl weg vom Körper zu halten ist eine sichere Anwendungsmethode, wenn Sie den Umgang gerade erst lernen.

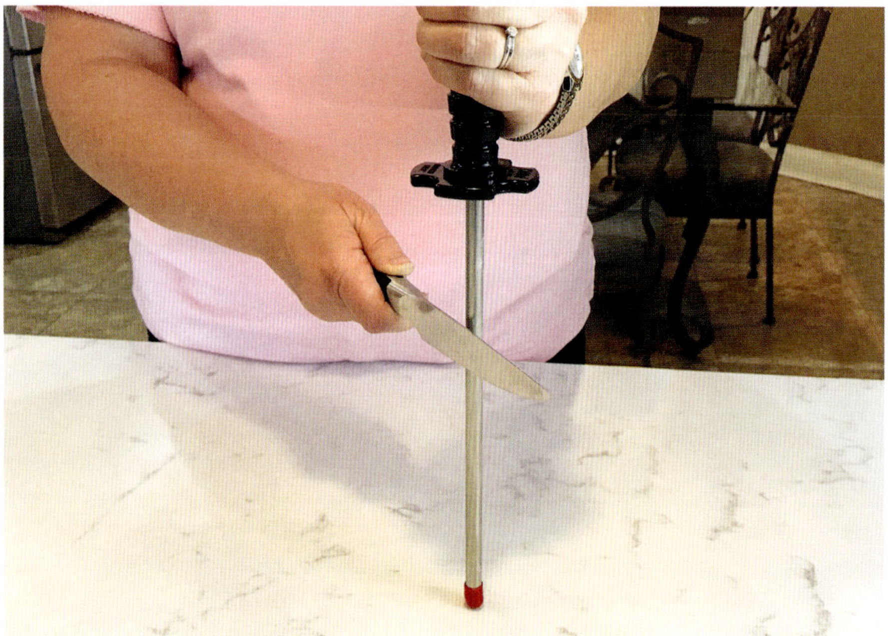

Den Wetzstahl vertikal auf der Arbeitsfläche aufzustellen erleichtert die Beherrschung der richtigen Abziehtechnik.

nach verlaufenden Rillen. Viele Köche benutzen einen Wetzstahl, um die Schneidkanten ihrer Messer vor der Verwendung zu schleifen.

Tatsächlich war der Wetzstahl gar nicht zum Schärfen gedacht. Wenn die Klinge von der Verwendung und dem Hacken auf einem Schneidbrett stumpf wird, verformt sie sich minimal. Der Zweck des Polierstahls ist, das Metall zurück in seine Position zu zwingen, um die Schneidkante neu zu richten. Traditionelle Wetzstähle tragen kein Metall ab. Sie müssten einen Schleifstein oder ein mechanisches Schärfgerät verwenden, um Metall zu entfernen und eine saubere neue Schneidkante zu formen.

Um diesen zusätzlichen Schritt des Schärfens zu beseitigen, wurden Wetzstähle entwickelt, die feine Diamantschleifpartikel enthalten, die auf den Stahlstab aufgebracht sind. Dieses Schleifmittel entfernt Metall, während die Schneidkante neu ausgerichtet wird. Dieser Mehrzweckstahl schärft und glättet die Schneide gleichzeitig.

Sie können einen Wetzstahl auf verschiedene Arten halten. Oft sehen Sie Profis mit dem Stab nach oben und weg von ihrem Körper. Die Schneidkante des Messers zeigt zum Griffende des Schärfstabs.

Eine weitere (die einfachere) Methode, den Stahl zu halten, ist das Aufstellen des Endes vertikal auf der Arbeitsfläche. Um die Schneidkante mit einem Wetzstahl auszubessern, beginnen Sie mit dem Auflegen der Messerklinge auf dem Stahlstab. Winkeln Sie nun die Klingenoberseite an und führen Sie sie weg vom Stab im ungefähren Fasenwinkel der Schneidkante. Schneiden Sie mit dem Griffende des Messers (vorm Handschutz) am Griffende des Schärfstahls den Stab hinunter, während Sie das Messer zurück zu sich ziehen. Versuchen Sie, dies in einer durchgehenden Bewegung zu machen, während Sie den Klingenwinkel auf dem Stab beibehalten. Die Schneidbewegung ähnelt dem Schälen einer Frucht oder eines Gemüses.

Platzieren Sie das Messer auf der anderen Kante des Stabs und wiederholen Sie den Vorgang auf der anderen Schneidkante.

Wechseln Sie Vorder- und Rückseite ab, um beide Seiten gleichmäßig zu schärfen. Mit der Erfahrung werden Sie schneller und es geht in Fleisch und Blut über. 8–10 Striche auf jeder Seite sollten ausreichen, um die Schneidkante wiederherzustellen. Ist mehr als das notwendig, müssen Sie wahrscheinlich Schleifsteine oder ein mechanisches Schärfgerät verwenden, um die Kante vor dem Abziehen neu aufzubauen.

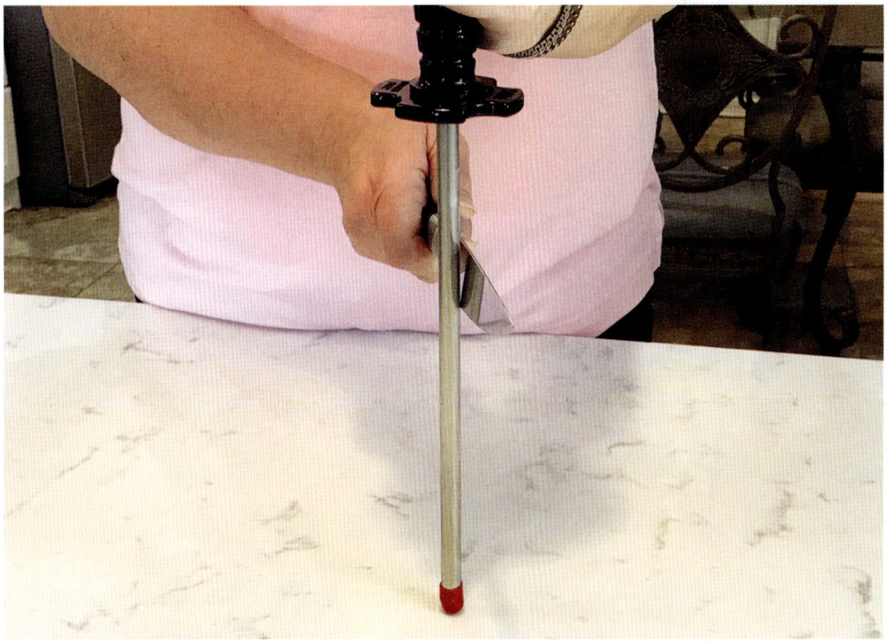

Die gleiche Strichanzahl auf jeder Seite ausführen und den gleichen Winkel beibehalten.

Messerschärfer

Wenn ein Messer nicht durch Abziehen allein wiederhergestellt werden kann, ist es Zeit für etwas Stärkeres. Handelsübliche Messerschärfer reichen von sehr preiswerten bis hin zu hochwertigen, sehr teuren Systemen.

Die einfachste Art besteht aus einem Plastikgriff mit zwei Karbidklingen. Sie sind in einem V-Winkel angeordnet, wodurch sie beide Seiten der Messerklinge gleichzeitig schärfen. Um diese Art Schärfgerät zu verwenden, legen Sie das Messer mit der Griffkante in die Vertiefung. Dann ziehen Sie das Messer mit moderatem Druck in einer sanften, gleichmäßigen Bewegung entlang der gesamten Klingenlänge. Einige Male wiederholen, dann die Schneidkante optisch überprüfen, um einen gleichmäßigen Schärffortschritt sicherzustellen.

Dieser simple und kostengünstige Messerschleifer kann helfen, eine Klinge vor dem Abziehen wiederherzustellen.

Verwendung von Schleifsteinen

Ich denke, dass in jeder Küche ein Satz Schleifsteine zur Hand sein sollte. Sie sind eine bescheidene Investition und für die verschiedensten Schärfaufgaben nützlich. Die Steinart, die Sie kaufen, hängt von Ihrem Portemonnaie und den gewünschten Eigenschaften ab (siehe S. 34–41).

Bei einem größeren Schleifstein ist die Verwendung einer Halterung für den Stein hilfreich, damit er nicht auf der Arbeitsfläche verrutscht. Da die meisten Steine ein Schmiermittel benötigen, sollten Sie auch die Arbeitsfläche schützen. Dazu können Sie ein altes Backblech, ein Tablett oder einen Stoß Zeitungen verwenden. Ich nutze oft eine Silikonmatte mit zweierlei Absichten: Sie schützt einerseits die Arbeitsfläche und bietet andererseits eine rutschfeste Unterlage für den Stein.

Wenn Sie Schleifsteine verwenden, stellen Sie sicher, dass Sie den Herstellerempfehlungen für Verwendung, Pflege und Schmiermittel folgen.

Eine Silikonmatte ist ideal zum Schärfen. Ihre rutschfeste Oberfläche schützt auch die Arbeitsfläche.

Tipp

Hier ein Tipp, den ich anzuwenden lernte, wann immer ich über ein stumpfes Messer stolperte und kein Schleifwerkzeug zur Hand hatte: Verwenden Sie einen Kaffeebecher aus Keramik! Beim Umdrehen sehen Sie bei den meisten Bechern oder Tassen, dass die Unterseite unglasiert ist. Dies bietet eine leicht schleifende Oberfläche, die Sie verwenden können, um eine Messerschneide ein wenig auszubessern. Halten Sie das Messer in einem dem Fasenwinkel entsprechenden Winkel an die Keramik. Ziehen Sie es darüber und führen Sie auf jeder Seite die gleiche Strichanzahl aus.

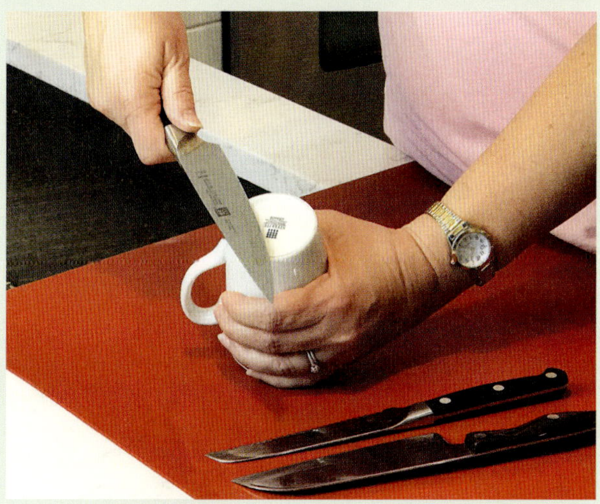

Nutzen Sie den unglasierten Teil eines Keramikbechers zum Abziehen Ihrer Messer.

Wasserschleifsteine benötigen Wasser. Ich habe eine Sprühflasche in der Nähe, um den Stein während des Schärfens nass zu halten. Einige Wasserschleifsteine müssen vor dem Schleifen in Wasser eingeweicht werden, andere könnten dadurch zerstört werden, weshalb es zum Schutz Ihrer Investition ratsam ist, der mitgelieferten Anleitung zu folgen.

Diamantschleifsteine können trocken verwendet werden, leisten aber bessere Dienste, wenn man zuvor ein Schmiermittel aufträgt. Sie können ein Schmiermittel speziell für die Art des Steins benutzen oder ein paar Tropfen Spülmittel in einer Sprühflasche mit Wasser mischen. Die Schmierstoffe tragen dazu bei, dass die beim Schärfen entstehenden Metallspäne und Stäube den Stein nicht verstopfen.

Die Messerschärftechnik mithilfe von Schleifsteinen ist mit ein bisschen Übung leicht zu beherrschen. Als Faustregel werden zur Reparatur stark beschädigter Schneidkanten gröbere Steine verwendet.

Feinere Steine werden zum Schleifen und Polieren genutzt. Beginnen Sie immer mit dem gröbsten Stein, von dem Sie glauben, dass Sie ihn zum Wiederherstellen der Schneidkante benötigen. Arbeiten Sie sich dann sukzessive durch die feineren Korngrößen, bis Sie eine spiegelblanke, rasiermesserscharfe Schneide haben.

Beginnen Sie mit der auf den Stein gelegten Messerspitze. Den Messerrücken vom Stein weg nach oben anwinkeln, um Schneidkante und Fasenwinkel auszurichten.

Es ist wichtig, beide Seiten des Messers gleichermaßen zu schärfen, um die gerade Schneidkante aufrechtzuerhalten. Gezahnte Messer und Messer mit der Fase auf nur einer Seite sind Ausnahmen, die später behandelt werden.

Ich finde, die einfachste Art, ein Messer auf einem Stein zu schleifen, ist an der Spitze beginnend mit langen, gleichmäßigen Strichen entlang der Schneidkante. Halten Sie den Winkel ein, der die abgefaste Kante fest am Stein hält.

Während Sie dort, wo die Klinge den Stein berührt, moderaten Druck auf die Schneide ausüben, bewegen Sie das Messer der Länge nach in einer bogenförmigen Bewegung entlang der Schneide von Ihnen weg. Die Idee dahinter ist, für einen gleichmäßigen Abrieb so viel von der Steinoberfläche zu nutzen wie möglich.

Schleifen Sie bis zu einer Korngröße von mindestens 1200. Feinere Körnungen haben den Vorteil, dass sie feine Kratzer entfernen und eine polierte und ultimativ scharfe Klinge erzeugen.

Mein Schärfetest in der Küche ist, wie leicht das Messer dünne Tomatenscheiben schneiden kann. Es sollte mühelos durch die Haut der Tomate schneiden. Ist eine „Sägebewegung" notwendig, ist es Zeit, noch einmal an den Schleifstein zurückzukehren und die Schneide abzuziehen.

Das Messer in einem gleichmäßigen Strich über die Schneidkante gleiten lassen. Es ist dabei wichtig, denselben Kontaktwinkel mit dem Stein zu halten.

Gezahnte Messer

Beim Blick auf ein gezahntes Messer kratzen Sie sich vielleicht nur am Kopf und fragen sich, wie man das wohl schärfen könnte. Betrachten Sie es etwas genauer, sehen Sie eine Reihe aus Kerben oder Rinnen, die in eine Seite der Klinge geschliffen wurden. Diese bilden die Zähne und lassen das Messer leichter durch Brot, dickhäutiges Gemüse und Früchte wie Melonen und Tomaten oder zubereitetes Fleisch schneiden. Die Form jeder Zahnung bildet zwei angespitzte Kanten, die wie Sägezähne funktionieren. Sie vervielfachen die Schneidwirkung der Messerschneide.

Auf dem unten stehenden Foto sehen Sie die Zahnungen von zwei Messern. Das obere hat jahrelange schlechte Behandlung ohne jegliche Schärfversuche erfahren. Sie können sehen, dass die Spitzen abgewetzt oder verbogen sind oder ganz fehlen. Sogar einige der Bereiche mit den Röhrchen sind beschädigt.

Das untere Messer ist ein neueres, gezahntes Messer, auf das gut geachtet wurde. Die Spitzen der Zähne bilden eine gleichmäßige Linie entlang der Schneidkante und bleiben scharf. Die Röhrchen sind gut ausgeprägt und glatt.

Ein gezahntes Messer zu schärfen läuft darauf hinaus, jeden Zahn oder jedes Röhrchen als gebogene Fase zu sehen, die eine gebogene Schneidkante bildet. Damit im Hinterkopf ist das Erste, was es zu machen gilt, die Messerrückseite zu glätten, um die Grate zu entfernen und eine Referenzfläche für eine scharfe Schneidkante zu erzeugen.

Um die gezahnte Klinge des Messers zu schärfen, brauchen Sie einen Schleifstein mit einem kleinen Radius, der zur gebogenen Fase des Röhrchens passt. Sie können ein kurzes Stück eines dünnen Holzstabs, das mit einem Stück Nass-/Trockenschleifpapier umwickelt ist, verwenden. Profilsteine sind geläufige Werkzeuge für das Schleifen und Abziehen gebogener Flächen. Sie können in der Form variieren; die gebräuchlichste Version sieht vom Ende her betrachtet wie ein dünner Keil aus. Jede lange Kante des Profilsteins ist mit einem kleinen Radius geformt. Sie können auch spezielle Geräte zum Schärfen gezahnter Messer erwerben.

Der Schärfvorgang selbst dauert aufgrund all der gebogenen und schrägen Oberflächen ein bisschen länger, doch wenn Sie einmal angefangen haben, folgt die Routine.

Beginnen Sie damit, den Stein in die Vertiefung zu legen und den Fasenwinkel zu suchen. Machen Sie lange Striche zur Schneidkante hin, während Sie von einer Seite zur anderen in der Rinne arbeiten. Ist sie vollständig bearbeitet, nehmen Sie sich die nächste vor. Schließlich entfernen Sie etwaige Grate auf der Messerrückseite, indem Sie sie plan auf einen feinen Schleifstein auflegen und einige Striche ausführen; dann prüfen, ob alle Grate abgetragen sind.

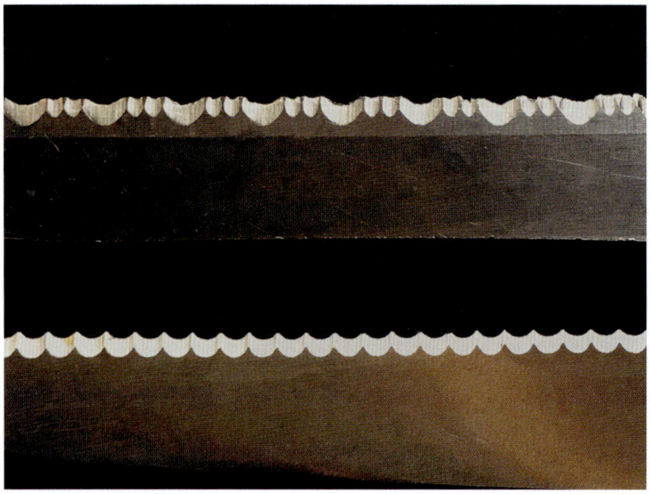

Das obere gezahnte Messer wurde vernachlässigt und weist signifikante Schäden an den Schneidkanten der Zähne auf. Das untere Messer zeigt eine gut definierte Zahnung mit scharfen Spitzen und glatten Einbuchtungen.

Glätten und polieren Sie die Messerrückseite, bevor Sie Ihre Aufmerksamkeit den Zwischenräumen der Zahnung widmen.

Keramikmesser

Die moderne Technik hat die Herstellung von Keramikmessern hervorgebracht. Sie haben den Vorteil, dass sie lange eine scharfe Klinge behalten und rostfrei sind. Sie sind etwas zerbrechlich, weshalb sie mit Vorsicht behandelt und vor Beschädigung geschützt gelagert werden sollten.

Aufgrund des Keramikmaterials können Sie keine traditionellen Wasser- oder Ölschleifsteine zum Schärfen verwenden – Keramik ist härter als die Steine. Das einzig geeignete Schleifmittel für Keramikmesser ist Diamant. Wenn Sie Keramikmesser besitzen, sollten Sie also ein paar kleine Diamantschleifsteine zur Hand haben.

Der Schärfvorgang ist nicht anders als bei Stahlmessern. Verwenden Sie ein Schmiermittel für den Stein und machen Sie lange, schwungvolle Striche entlang der Klingenlänge. Versuchen Sie, die originale Fase beim Schärfen aufrechtzuerhalten.

Ein Profilstein eignet sich hervorragend zum Schärfen gezahnter Messer.

Dieses Schärfgerät bedient sich eines dreieckigen Steins, der das Ausbessern gezahnter Messer erleichtert.

Schärfen Sie ein Keramikmesser mit einem Diamantschleifstein mit der gleichen Technik wie ein Stahlmesser.

Weitere Schärfoptionen

Wie bereits erwähnt gibt es einige Optionen zum zuverlässigen und leichten Schärfen von Küchenmessern: Ein Gerät nutzt kleine diamantbeschichtete Schleifplatten – im Grunde Minischleifsteine. Wie bei der unten gezeigten einfachen Vorrichtung sind die Platten V-förmig angeordnet, um beide Seiten des Messers gleichzeitig zu schärfen. Sie sind abgefedert, um während des Schleifens Druck auf die Klinge auszuüben.

Um diese Art Schärfgerät zu verwenden, führen Sie das Messer bis ganz unten in den Schlitz. Dies treibt die federnden Diamantschleifsteine auseinander, sodass diese eng an der Klinge anliegen. Die ganz nach vorn geschobene Klinge zurück zu Ihnen und aus dem Gerät herausziehen. Mehrmals wiederholen. Stumpfe Klingen erfordern mehr Striche, um die Schneidkante wiederherzustellen.

Wenn Sie einen Fachmann mit dem Schärfen Ihrer Messer beauftragen, verwendet er höchstwahrscheinlich ein Bandschleifgerät. Die Schleifbänder variieren in der Körnung von grob für die bloße Formgebung und die Entfernung von Kerben bis hin zu feineren Korngrößen für das Abziehen am Schluss. Sie können zu Hause mit der unten gezeigten Maschine genauso vorgehen. Sie ist für den Hausgebrauch und für Selbermacher konzipiert und nutzt kleine Schleifbänder, um Messerschneiden wiederherzustellen.

Dieses Schleifgerät verfügt über einen Führungsschlitz auf jeder Seite des Bandes, um das Schärfen beider Messerseiten zur kinderleichten Arbeit zu machen.

Wenn das Messer einige Zeit vernachlässigt wurde und beschädigt oder stumpf ist, sollten Sie mit einem groben Schleifband beginnen. Ist die Klinge wieder aufgebaut, können Sie sich durch die feineren Korngrößen arbeiten, bis die Schneide poliert ist. Lassen Sie sich nicht dazu verführen, Körnungen zu überspringen: Ziel ist es, die Kratzer der vorherigen Korngröße zu entfernen, um am Ende eine spiegelblanke Politur vorzufinden. Mit einem elektrischen Gerät, das das Schleifband antreibt, ist diese Arbeit schnell erledigt. Bei diesem Gerät gibt es eine Werkzeugauflage, die im richtigen Winkel für das Schärfen von Scheren liegt. Dafür legen Sie die Ebene der Klinge (Rückseite) auf die Auflage und bewegen die Schneide in einer gleitenden, durchgehenden Bewegung über das Band.

Dieses Schärfgerät verfügt über einen tiefen Schlitz, der die Messerklinge vertikal hält, während Sie sie zwischen die gefederten Diamantplatten führen.

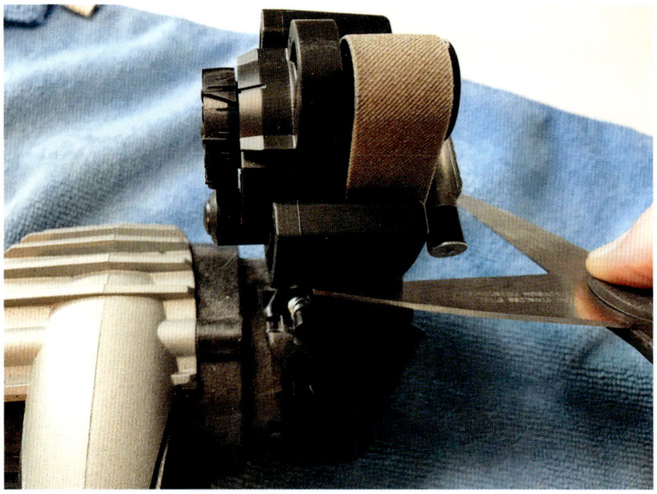

Ein elektrisches Bandschleifgerät ist ein einfacher und schneller Weg, stumpfe Scheren zu schleifen.

Beachten Sie, dass mit einem Bandschleifgerät viel Feinstaub erzeugt wird; darum empfehle ich das Messerschärfen draußen oder in einer Garage.

Dieses Schärfgerät ist auch mit einem Messerschleifaufsatz erhältlich, der die Funktionen und Möglichkeiten zum Messerschärfen erweitert. Es richtet sich an den ernsthaften Anwender, der die ultimative Flexibilität verlangt.

Das Freihandschärfen ist mit diesem Aufbau nicht so erschreckend, wie man meinen mag; es braucht nur ein bisschen Übung. Das Gerät lässt Sie den Winkel der Schleiffläche des Bandes für viele Fasenwinkel einstellen. Der Trick ist, zu lernen, die Klinge parallel zur Arbeitsplatte zu halten.

Dieser Aufbau funktioniert besonders gut bei kleineren Messern und Exemplaren mit gebogenen Klingen. Er sorgt für mehr Freiraum, damit die Gesamtlänge der Klinge das Schleifband störungsfrei berühren kann.

Dieses Schärfgerät verfügt über eine einstellbare Führung für den Fasenwinkel. Schleifbänder machen die Wiederherstellung einer Messerschneide zu einer schnellen Aufgabe.

Die klingenschleifende Vorrichtung nutzt breitere Schleifbänder und sorgt für leichten Zugang zum Freihandschleifen.

Andere Küchenutensilien schärfen

Fast alles in der Küche, was eine Schneidkante hat, kann geschärft werden. Auch Pizzaschneider und Sparschäler. Sie müssen nur das richtige Schärfwerkzeug finden, mit dem sich die Fasen an den Schneidkanten ansteuern lassen.

Zum Schärfen eines Pizzaschneiders finde ich einen kleinen Diamantschleifstein oder eine kleine Diamantfeile ideal, um die Klinge wieder auf Vordermann zu bringen. Halten Sie das Rad mit einem Finger fest, während Sie über die Schneidkante streichen und dem Fasenwinkel folgen.

Bewahren Sie den Pizzaschneider wie ein Messer auf. Hat er eine Hülle, verwenden Sie sie, um die Schneidkante zu schützen. Sonst verwahren Sie ihn so, dass er vor versehentlichen Dellen und Schäden geschützt ist.

Wenn es eine Schneidkante gibt, können Sie sie wahrscheinlich auch schärfen.

Verwenden Sie eine Diamantfeile oder einen kleinen Schleifstein zum Auffrischen der Schneidkante eines Pizzaschneiders. Stellen Sie sicher, beide Seiten zu bearbeiten. Machen Sie sich keine Sorgen über kleine Kerben und Dellen; sie beeinträchtigen die Schneidfähigkeit nicht.

Einige Sparschäler haben beidseitige Schneidkanten. Dies erleichtert das Schneiden in jede Richtung. Die Fasen werden am besten mit einem kleinen Diamantschleifstein oder einer Diamantfeile geschliffen – tatsächlich können Sie auch eine Diamantnagelfeile verwenden. Ihre Größe macht sie ideal, um in kleine Bereiche zu gelangen.

Der Schlüssel ist, die Feile plan auf der Fase der Schneidkante zu halten. Lange, gleichmäßige Striche über die Klinge führen zu den besten Ergebnissen.

Eine kleine zweiseitige Diamantfeile mit rauer Korngröße auf der einen und feinerer auf der anderen Seite ist ein handliches Werkzeug zum Schärfen.

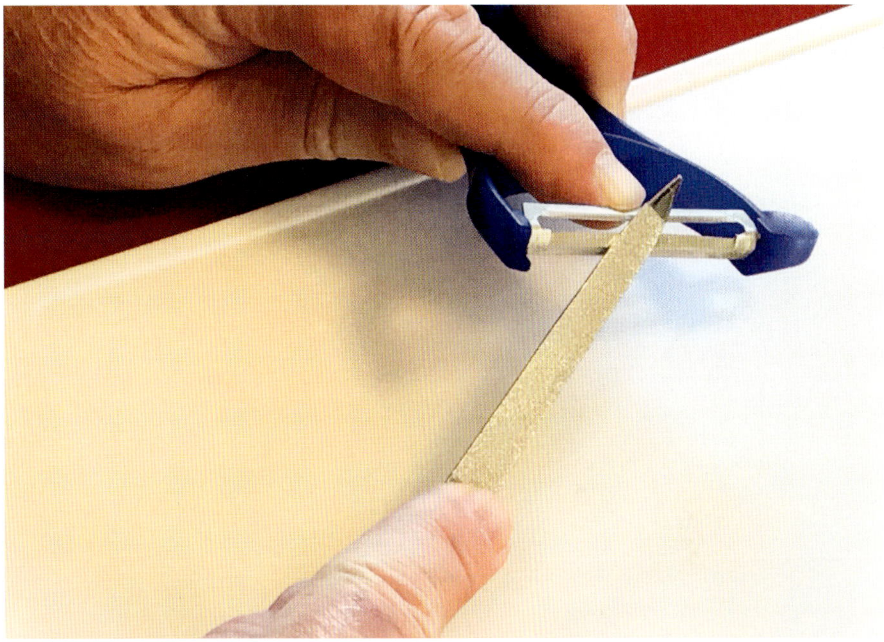

Eine Diamantnagelfeile kann zur Not die Rettung sein. Sie ist geeignet, um die Klingen kleinerer Küchenwerkzeuge, wie z. B. dieses Sparschälers, zu schleifen.

Werkzeuge mit Diamantbeschichtung erleichtern das Schärfen von Küchengeräten ungemein.

2:7

Fräser für die Oberfräse

Die meisten Fräser verfügen über Schneidkanten aus Karbid und sind eine beträchtliche Investition. Karbid ist so konzipiert, dass es der großen Reibungshitze beim Fräsen widersteht. Wird ein Fräser stumpf, kann er Brand- und Rattermarken verursachen, was zu einer rauen Holzoberfläche führt, die geschliffen werden muss.

Teil des Problems kann einfach sein, dass der Fräser gereinigt werden muss. Das Pech und Harz des Holzes neigen dazu, sich entlang der Schneidkanten abzulagern und so ihre Effektivität zu reduzieren.

Nach einer gründlichen Reinigung dauert es nur sehr kurz, das Karbid zu schleifen und abzuziehen – ein einfacher Vorgang, der sich im großen Stil in der Fräserleistung und der Lebensdauer des Fräsers bezahlt macht.

Fräser können stumpf werden wie jedes andere Werkzeug auch. Zum Glück können Sie die Schneidkanten leicht schärfen.

Wann ist ein Fräser stumpf?

Wie erkennt man, wann ein Fräser stumpf ist? Wenn er beginnt, das Holz zu verbrennen, oder es mühsam wird, den Fräser durch das Werkstück zu drücken, sollte man sich den Zustand des Fräskopfes etwas genauer ansehen.

Das Erste, worauf ich schaue, ist das Karbid. Sind die Karbidschneidkanten gesprungen oder gerissen, ist es Zeit, den Fräser wegzuwerfen und einen neuen zu kaufen. Abgeplatztes Karbid könnte während der Verwendung brechen und Metallpartikel durch die Luft fliegen lassen.

Als Nächstes reinige ich den Fräser gründlich. Es gibt zahlreiche Reinigungsmittel für Klingen und Aufsätze. Sie können auch ein starkes Reinigungsmittel verwenden. Hat der Fräser ein Lager, entfernen Sie dieses zuerst. Legen Sie ihn dann in die Reinigungslösung ein und entfernen Sie Schmutz, Sägemehl und Pech mit einer Nylonbürste. Manchmal ist lediglich eine gute Reinigung nötig und der Fräser arbeitet wieder wie neu.

Wenn Sie nach der Inspektion der Schneidkanten des Karbids feststellen, dass es helfen würde, den Fräser zu schärfen, ist dies ein einfacher Vorgang. Nachdem wir es hier mit Karbid, einem sehr harten Metall, zu tun haben, ist das effektivste Schleifmittel der Diamant.

Entfernen Sie bei Fräsern mit Kugellagerführung das Lager, bevor Sie den Fräser reinigen oder schärfen.

Diese kleinen Diamantschleifsteine sind die perfekte Wahl zum Schärfen von Fräsern.

Fräser schärfen

Beim Schärfen eines Fräsers bearbeiten Sie die innere flache Seite des Karbids. Es ist wichtig, die Außenkanten oder Fasen des Fräsers nicht zu berühren, da dies seine Form und seinen Durchmesser verändern kann.

Der Schärfprozess könnte einfacher nicht sein: Die Vorderseite des Karbids plan auf einen Diamantschleifstein legen. Die Schleifsteine, die ich verwende, haben eine 300er-Körnung auf der einen und eine 600er-Körnung auf der anderen Seite. Beginnen Sie mit Korngröße 300, bis Sie ein gleichmäßiges Muster aus Kratzern auf dem Karbid sehen. Enden Sie mit der 600er-Seite, um diese Kratzer zu entfernen.

Nun müssen Sie nur noch Kugellager, Unterlegring und Schraube anbringen und überprüfen, dass die Schraube fest ist.

Einen Aufsatz ohne Lager zu schärfen folgt dem gleichen Muster. Den Fräser zuerst gründlich reinigen und das Karbid inspizieren. Dann den Diamantschleifstein zum Schleifen der Karbidseiten verwenden.

Bei geraden Fräsern (siehe links unten) können Sie auch eine kleine Diamantfeile zum Schleifen der Enden des Karbidschneiders verwenden. Diese sind das Erste, was auf das Holz trifft, wenn Sie Tauchschnitte mit Ihrer Oberfräse ausführen. Sie sind dafür verantwortlich, dass Nuten und Rillen über eine glatte Unterseite verfügen. Da das Ausbessern dieser Schneidkanten keinen Einfluss auf den Fräserdurchmesser hat, ist es komplett in Ordnung, ihnen ein wenig Aufmerksamkeit zu schenken.

Ein bisschen Pflege hier und da kann die Lebensdauer Ihres Fräsers und somit auch Ihrer Investition erhöhen.

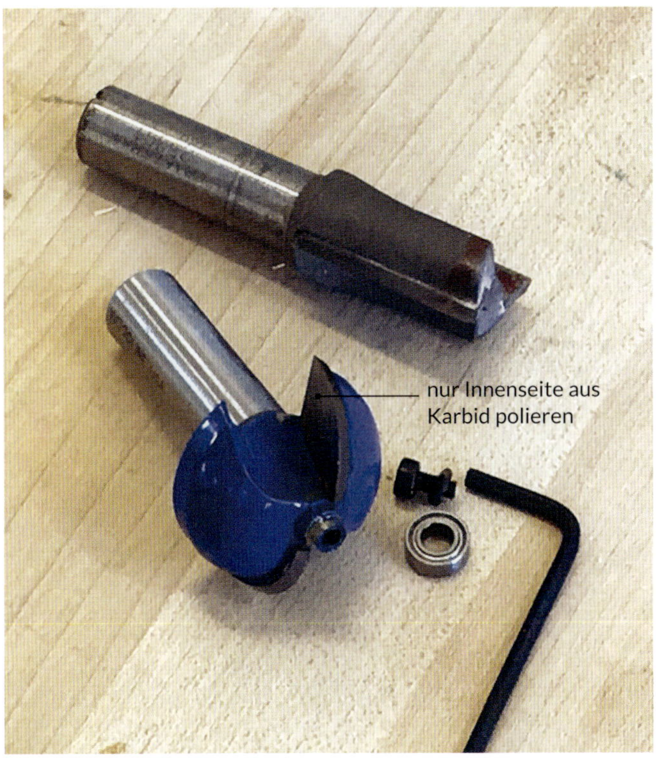

Die Innenseite der Karbidschneide ist der einzige Bereich, dem Sie beim Schärfen eines Fräsers Ihre Aufmerksamkeit schenken müssen.

Verwenden Sie einen kleinen Diamantschleifstein, um die Innenseite des Karbidschneiders zu polieren.

2:8

Abricht- und Dickenhobelklingen

Um Holz mit rechtwinkligen Kanten auf seine endgültige Dicke zu bringen, ist eine elektrische Abricht- und Dickenhobelmaschine das Werkzeug der Wahl in der Werkstatt. Der rotierende Schneidkopf des Hobels beinhaltet eine Reihe von Messern, die Späne entfernen, um eine glatte, plane Oberfläche und Kante in Ihrem Holz zu erzeugen.

Der Dickenhobel arbeitet ähnlich, um Material zu entfernen, die Dicke eines Werkstücks zu reduzieren und eine glatte Seite parallel zur ursprünglichen verbundenen Fläche zu erzeugen. Die Kombination von Abrichte und Dickenhobelmaschine mit ordentlich geschärften Messern ist der erste Schritt zu rechtwinkligen und geraden Werkstücken mit einer gleichmäßigen Dicke. So fügt sich Ihr Projekt viel reibungsloser zusammen!

Nach dem Fräsen Hunderter Festmeter Holz liegt es auf der Hand, dass die Messer eventuell geschärft oder erneuert werden müssen. Mit dem richtigen Werkzeug und ein bisschen Zeit ist es nicht schwierig, sie zu schleifen.

Sind die Messer eines Hobels oder Dickenhobels schön scharf, muss die daraus resultierende Holzoberfläche nur leicht geschliffen werden, bevor man eine Schlussbehandlung auftragen kann.

Wie man sie schärft

Wie zuvor erwähnt ist die Aufgabe einer Abricht- und Dickenhobelmaschine, die Werkstücke für Ihre Projekte vorzubereiten. Das Ergebnis sollte ein Werkstück sein, das auf beiden Seiten glatt und gerade ist und eine gleichmäßige Dicke und Breite aufweist. Werden die Messer des Geräts stumpf, merken Sie das an der Oberflächenqualität des Holzes.

Traditionelle Schneidköpfe von Abricht- und Dickenhobelmaschinen sind mit zwei, drei oder mehr Messern ausgestattet. Messer aus HSS-Stahl können Sie selbst schärfen, manchmal sogar, während sie noch in die Maschine eingebaut sind. Ich zeige Ihnen ein paar Methoden zum Schärfen der Messer in einer Hobelmaschine, ohne sie herausnehmen zu müssen.

Einige neuere Geräte verfügen über schneckenförmige Schneidköpfe mit Dutzenden Karbidschneiden. Sie sind eine Verbesserung im Vergleich zu den Schneidköpfen mit den geraden Messern, weil sie eine viel glattere Oberfläche auf dem Holz hinterlassen. Dies liegt an der Schneidwirkung jeder Messerschneide, wenn sie an das Holz gelangt. Durch den schrägen Auftrittswinkel auf die Holzfasern werden diese sauber durchtrennt und somit glatter. Vergleichen Sie das einmal mit Abricht- und Dickenhobelmaschinen mit geraden Messern, bei denen die gesamte Messerlänge das Holz bei jeder Umrundung greift. Dies kann manchmal kleine Wellen oder Bearbeitungsmale im Holz hinterlassen, die mit dem Handhobel oder durch Schleifen entfernt werden müssen.

Je nach Modell können Sie einen schneckenförmigen Schneidkopf nachrüsten und gegen den ursprünglichen austauschen. Die Schneiden der schneckenförmigen Schneidköpfe sind austauschbar, was auch bedeutet, dass sie entsorgt werden können, wenn sie stumpf werden. Diese Vierkantschneider haben vier Schneidkanten. Wenn eine stumpf wird, drehen Sie ihn einfach weiter für eine frische Schneide. Sind alle vier Schneiden stumpf, ersetzen Sie den Schneider.

Ich konzentriere mich in diesem Kapitel auf das Schärfen gerader Messer, die an einem Hobel angebracht sind. Ich zeige Ihnen handelsübliche Schärfvorrichtungen, die Sie verwenden können. Ist der Schneidkopf an Ihrem Dickenhobel leicht zu erreichen, können Sie eventuell dasselbe Werkzeug wie zum Schärfen der Messer verwenden.

Die entstandene Oberfläche des Holzes sollte glatt und frei von Rillen sein. Stumpfe Messer mit Kerben hinterlassen Spuren, die abgeschliffen werden müssen.

Viele neuere tragbare Dickenhobel oder Geräte für die Arbeitsplatte, die für den Heim- und Hobbygebrauch gedacht sind, nutzen viel dünnere Einwegklingen. Sie sollten nicht geschärft werden, und die meisten Hersteller empfehlen das auch nicht. Es ist ebenso kostengünstig und zeitsparend, alle Messer auf einmal auszutauschen, wenn die alten stumpf werden. Einige Anbieter bieten Ersatz-HSS-Stahlmesser oder Messer mit Karbidspitzen, die in diese Hobel passen. Sie sind oft aus besserem Stahl gefertigt, dessen Schneide länger hält.

Gerade Messer für Abricht- und Dickenhobelmaschinen wie diese können oft geschärft werden. Einige sind Einwegwaren und sollten ersetzt statt geschärft werden.

Spiralförmige Schneidköpfe verfügen über Reihen aus vierkantigen Schneiden. Die spiralförmige Anordnung sorgt für einen glatteren Schnitt in das Holz.

Schärfen von Hobelmessern

Es gibt einige Methoden, Ihre Hobelmesser an Ort und Stelle zu schärfen. Nehmen Sie sich zuvor Zeit, den Schneidkopf mit einer harten Bürste zu reinigen, um das angebackene Sägemehl zu entfernen.

Die erste Schärfmethode gelingt mit einem handelsüblichen Schleifklotz. Er besteht aus einem schrägen Stein auf der einen Seite und einem rechtwinkligen auf der anderen. So lassen sich sowohl die Rückseite als auch die Fase jedes Hobelmessers abrichten.

Sie müssen zuerst den Schneidkopf des Hobels drehen, um leichter an die Messer zu gelangen. Sie müssen ihn mit einem Holzkeil oder einem Unterlegstück arretieren, damit der Schneidkopf sich beim Schärfen der Messer nicht verdreht.

Mit dem abgeschrägten Stein die Fase des Messers wie gezeigt polieren. Arbeiten Sie auf ein gleichmäßiges Schleifmuster über die gesamte Messerlänge hin. Die wichtigste Stelle ist die Schneidkante, die über die ganze Länge plan sein sollte.

Mit dem immer noch befestigten Schneidkopf den Schleifklotz umdrehen und den rechtwinkligen Stein zum Abziehen der Messerrückseite verwenden. Dann den Vorgang mit dem nächsten Messer wiederholen.

Dieser Schleifklotz kann sowohl Fase als auch Rückseite des Hobelmessers abziehen. Es gibt längere Varianten für Dickenhobelmesser.

Nach dem Abrichten der Fase mit dem rechtwinkligen Schleifstein die Messerrückseite abziehen und etwaige Grate entfernen.

Eine weitere Methode zum Schärfen von Hobelmessern, die noch im Schneidkopf installiert sind, ist die Verwendung eines Standardschleifsteins. Dafür reiben Sie mit dem Stein über die Fase des Messers. Decken Sie die Auflagefläche zum Schutz ab. Ich verwende bei dieser Schärfmethode ein dünnes Stück Sperrholz.

Verdrehen Sie den Schneidkopf, sodass die Fase des Messers parallel zur Auflage des Hobels liegt. Mit dem schützenden Sperrholz auf dem Einlauftisch stellen Sie die Höhe des Tisches ein, bis die Oberkante des Sperrholzes plan mit der Messerfase liegt. Arretieren Sie den Schneidkopf mit einem Keil oder einem Holzstück, damit er sich nicht dreht.

Nun können Sie die Schneidkante des Messers mit dem Schleifstein schärfen. Sie können sich durch mehrere Korngrößen arbeiten, um eine scharfe Klinge zu erhalten.

Ist ein Messer geschärft, drehen Sie den Schneidkopf zum nächsten und wiederholen den Vorgang, bis alle Messer scharf sind.

Die Schneiden der Messer von Abricht- und Dickenhobelmaschinen scharf zu halten ist ein einfacher Vorgang, mit dem Sie sich Zeit bis zum Austausch erkaufen können.

Den mit einem dünnen Sperrholzstück versehenen Einlauftisch absenken, bis er plan mit der Fase des Hobelmessers ist.

Den flach auf das Sperrholz aufgelegten Schleifstein entlang der Fase des Hobelmessers vor und zurück bewegen.

19
16
12

2:9
Bohrer

Es gibt kaum eine Werkstatt, in der sich nicht eine Schachtel oder eine Schublade voll alter Bohrer findet. Mit ein bisschen Geduld und Übung kann einigen dieser Bohrer neues Leben eingehaucht werden.

Manchmal ist es sinnvoller, einen stumpfen Bohrer wegzuwerfen, als Zeit mit dem Schärfen zu verbringen, insbesondere bei kleineren, kostengünstigeren Bohreraufsätzen. Wir kaufen ganze Bohrersätze, weil sie weniger kosten als jeden Bohrer einzeln zu kaufen. Manchmal bestehen diese Sets aus minderqualitativen Bohrern, die ihre Schneide nicht sehr lange behalten. In diesem Fall ist meine Strategie, lieber auf einen höherwertigen Bohrer umzusteigen als einen zu nutzen, der sich abnutzt und unbrauchbar wird. Die Bohrer in einem Set auf diese Weise einzeln zu ersetzen vervollständigt nach und nach Ihre Sammlung hochwertiger Bohrer.

Wenn Sie das Schärfen Ihrer Bohrer selbst in Angriff nehmen möchten, ist das mit dem richtigen Werkzeug und der korrekten Technik gar nicht so schwierig. Ich zeige Ihnen, wie Sie einige der häufigsten Bohrerarten schärfen können.

Spiralbohrer werden zum Bohren von Metall (rechts) verwendet.
Flachfräsbohrer sind dazu konzipiert, schnell größere Löcher zu bohren (links).
Holzbohrer eignen sich aufgrund ihrer Spitze für saubere Löcher im Holz (Mitte).

Spiralbohrer

Spiralbohrer sind die geläufigsten Bohrer. Sie sind in jeder Eisenwarenhandlung und in jedem Baumarkt erhältlich und dazu gedacht, Metall und andere Materialien zu bohren.

Allerdings sind sie zum Bohren von Holz nicht optimal, wenn Sie wollen, dass Ihr Loch glatte Ränder aufweist, ohne zu splittern. Es gibt andere Bohrer, die zum Holzbohren besser geeignet sind, wie ich später ausführen werde.

Wenn Sie den Kopf eines Spiralbohrers betrachten, sehen Sie zwei oder drei Schneidkanten, mit denen sich der Bohrer in das Material frisst. Die Funktion der Rillen (Nuten) ist das Herausziehen der Späne aus dem Loch bei voranschreitender Bohrung.

LINKS: *Die Schneidkanten eines Bohrers werden oft stumpf. Schärfen Sie sie mit einem Schleifgerät.*

UNTEN: *Eine kreuzgeschliffene Bohrerspitze (links) bietet zwei zusätzliche Schneidkanten für schnelleres Schneiden und um die Abnutzung der primären Schneidkanten im Vergleich zu einem Standardbohrer zu verringern.*

Wenn der Bohrer stumpf wird, wird die Lippe abgerundet oder deformiert sich. Sie merken, dass dies geschieht, wenn er nur mühevoll in das Material beißt. Vielleicht sehen Sie auch, dass der Bohrerkopf heiß und blau oder schwarz wird.

Wie bereits erwähnt definiert sich Schärfe aus der Schnittkante zweier Ebenen (siehe S. 12). Zum Schärfen der Schneiden eines Bohrers müssen Sie das Metall an der Spitze abschleifen. Mit viel Erfahrung lässt sich dies einfach mit einer Schleifmaschine bewerkstelligen.

Beim Schleifen von Bohrern ist es wichtig, den Winkel des Bohrerkopfes rund um den Bohrerumfang beizubehalten. Zwei übliche Winkel liegen bei 118° und 135°. Bohrer mit den stumpferen Winkeln sind zur Bearbeitung härterer Materialien konzipiert.

Noch wichtiger ist jedoch, dass die Bohrerspitze zentriert im Durchmesser des Bohrers bleiben muss.

Diese Maschine nutzt ein Spannfutter, das den Spiralbohrer während des Schleifens in der richtigen Position hält.

Ein Diamantschleifring im Inneren des Geräts schleift die Bohrerspitze im richtigen Winkel, während Sie das Spannfutter in der Schleiföffnung drehen.

Andernfalls „wandert“ der Bohrer beim Bohren durch das Material, anstatt sich an einem bestimmten Punkt hineinzuschneiden. Einige Bohrer, insbesondere jene mit 135°-Spitze, verfügen über einen Kreuzanschliff. Sie können den Unterschied zur Standardspitze auf den Fotos unten auf S. 132 begutachten.

Erfahrene Maschinennutzer haben gelernt, wie man einen Spiralbohrer schnell per Hand mit einem Standschleifgerät schärft. Aufgrund der zuvor ausgeführten Überlegungen sind alle mit weniger Erfahrung besser beraten, eine Einspannvorrichtung oder ein Bohrerschleifgerät zu verwenden.

Ein elektrisches Bohrerschleifgerät ist großartig zum Instandsetzen von Spiralbohrern. Es gibt Heimwerkerversionen, die kein Loch in den Geldbeutel sprengen. Wenn Sie viele Bohrer abnutzen, ist dies eine tolle Option.

Diese Maschinen funktionieren so gut, weil sie zum Beibehalten eines einheitlichen Winkels beim Schärfen des Bohrers konzipiert sind. Sie nehmen dem Schleifen von Bohrern viel Rätselraten und Frustpotenzial.

Die meisten Geräte gleichen die unterschiedlichen Spitzenwinkel an Spiralbohrern aus, indem sie den

Sie können jeden Spiralbohrer in nur wenigen Sekunden schärfen. Ein Bohrer kann viele Male geschärft werden, bevor er ersetzt werden muss.

Anstellwinkel des Bohrers an das Schleifmittel einstellen. Dies macht das Gerät weit vielseitiger, und es können weit mehr unterschiedliche Bohrer geschärft werden. Ein elektrisches Schleifgerät ist ein großartiges Werkzeug zum Instandhalten Ihrer Bohrersammlung. Sie können diese alten Bohrer, die Sie immer in eine Schachtel geworfen haben, weil sie es nicht übers Herz brachten, sie wegzuwerfen, wieder in Schuss bringen. Diese Geräte nehmen Ihnen die Angst und Aufregung vor dem Bohrerschärfen.

Eine Anmerkung zu Holzbohrern: Sie haben eine Spiralform, die speziell zum Bohren in Holz geschliffen wird. Sie verfügen auch über zwei außen liegende Schneidsporne, die ein sauberes Loch hinterlassen. Die kleine Spitze in der Mitte hilft, dass der Bohrer nicht aus der Mitte wandert. Aufgrund der speziellen Form dieser Bohrerköpfe kann es schwierig sein, sie ohne Spezialwerkzeuge zu schärfen. Wie bei Standardbohrern ersetze ich Bohrer aus meinem Set gegen neue, wenn sie stumpf werden.

Holzbohrer weisen eine spezielle Geometrie zum Bohren von Holz auf. Dies macht es schwierig, sie zu schärfen.

Flachfräsbohrer

Flachfräsbohrer haben ihren Namen von ihrer flachen Form, die an eine Gartenschaufel oder ein Paddel erinnert. Sie gehören zu den kostengünstigsten Bohrern, die es gibt. Daher kann es sein, dass es Momente gibt, in denen es sinnvoller ist, einen Ersatz zu kaufen, als den Bohrer zu schärfen. Wenn beispielsweise der Schaft verbogen ist, ist er ein Fall für die Mülltonne. Wenn die Schneidkanten ernsthafte Dellen aufweisen oder Verbrennungszeichen tragen, kann es an der Zeit sein, ihn zu ersetzen. Wenn er jedoch einfach nicht so schneidet, wie er sollte, und sonst noch nicht gelitten hat, ist das Schärfen des Bohrers eine gangbare Option, mit der Sie die Kosten eines neuen Bohrers einsparen.

Flachfräsbohrer sind trotz ihrer simplen Machart erstaunlich effektiv beim Bohren größerer Löcher in das Holz.

Tipp

Wenn Sie Flachfräsbohrer verwenden, um ein Loch zu bohren, und ein sauberes Austrittsloch ohne Splittern und Ausreißen wünschen, bohren Sie von einer Seite in das Werkstück, bis die Spitze in der Mitte gerade beginnt, auf der anderen Seite durchzuscheinen. Dann bohren Sie von der Rückseite aus und stellen sicher, dass die Spitze das kleine Loch in der Mitte trifft. Durchbohren Sie das Werkstück. Sie sollten nun ein Loch mit sauberen Kanten auf beiden Seiten des Materials haben.

Flachfräsbohrer haben scharfe Spitzen in der Mitte, die schnell in das Holz eindringen und den Bohrer davon abhalten, während der Arbeit zu wandern. Sie haben grundsätzlich scharfe Schneidkanten entlang ihrer Länge. Einige Bohrer haben ein Schraubgewinde, das dabei hilft, dass der Bohrer sich in das Holz zieht.

Zwei außen liegende Sporne ritzen den Rand des Lochs an, was einen sauberen Schnitt ohne Risse und Splitter ergibt. Schließlich agieren die abgefasten Bereiche zwischen Sporn und Mittelpunkt wie ein Stechbeitel oder ein Handhobel und tragen das Holz ab, um das Loch zu bohren.

Flachfräsbohrer werden in der Fabrik mit Schleifscheiben auf einer speziellen Maschine geschliffen, um die Schneidkanten zu formen. Um diese zu Hause in der Werkstatt beizubehalten, kann eine kleine, spitz zulaufende Diamantfeile hilfreich sein. Zum Überholen eines stumpfen Flachfräsbohrers gibt es sechs Bereiche, die Ihre Aufmerksamkeit benötigen – allen voran die beiden abgefasten Schneidkanten.

Die Feile vorsichtig schräg ansetzen, sodass sie plan auf der schrägen Schneidkante liegt. Die Fase feilen, bis sie glatt ist.

Verwenden Sie eine kleine Feile, um die Innenseite eines jeden Sporns auszubessern. Sie müssen eine scharfe Kante erzeugen, um die Holzfasern am Rand des Lochs sauber schneiden zu können.

Nachdem die Fase an einer Schneidkante geschliffen ist, drehen Sie den Bohrer um, um die andere Kante zu bearbeiten. Geben Sie Acht, dass die Feile nicht in Berührung mit den Spornen oder dem Mittelpunkt kommt.

Als Nächstes folgen die beiden äußeren Sporne. Feilen Sie nur deren Innenseiten – bearbeiten Sie die Außenseiten, ändern Sie Durchmesser und Schnittgeometrie des Bohrers, was zu einer schlechten Bohrleistung führen kann.
Als Letztes sorgen Sie dafür, dass das Schneidkantenpaar der Spitze in der Mitte scharf ist. Dies bedarf nur einiger weniger Feilenstriche auf jeder Seite; dabei dem ursprünglichen Fasenwinkel folgen.

Das war's. Einen stumpfen Flachfräsbohrer zu schärfen ist leicht und kostet kaum Zeit.

Ein paar Striche mit der Feile entlang der Schneidkanten der Spitze in der Mitte sollten alles sein, was Sie brauchen, um scharfe Kanten zu erzeugen.

Tipp

Einige Flachfräsbohrer haben ein kleines Loch in der Planfläche. Diese Bohrer werden oft von Elektrikern zum Verkabeln durch Holzbalken verwendet. Bohren sie durch das Holz, kann man eine elektrische Leitung an dem Bohrer anbringen und durch das Loch ziehen.

Forstnerbohrer

Forstnerbohrer sind nach ihrem Erfinder, Benjamin Forstner, benannt. Sie sind eine einzigartige Bohrerart, von der seit 1886 viele Variationen gefertigt wurden.

Sie sind unübertroffen im Bohren flacher Löcher in das Holz. Die Spitze in der Mitte ist gerade lang genug, um in das Holz einzudringen, bevor die äußere Schneidkante den Umfang des Lochs anritzt.

Es gibt viele verschiedene Forstnerbohrer. Ihnen allen gemein sind die Spitze in der Mitte und die flachen Schneidkanten (ähnlich dem Flachfräsbohrer auf der gegenüberliegenden Seite). Der Außendurchmesser des Bohrers kann jedoch stark variieren.

Einfachere Exemplare verfügen über ein Schneidkantenpaar oder Zähne am äußeren Rand des Bohrers (siehe S. 140). Der gesamte Rand wurde mit einer Fase im Inneren geschärft. Dies hilft, die Holzfasern für saubere, professionelle Ergebnisse beim Bohren anzuritzen.

Weitere Forstnerbohrerarten werden mit einer Reihe an Zähnen rund um den äußeren Rand des Bohrers gefertigt, wie beim rechten Bohrer auf S. 140. Sie erinnern an Zähne einer Säge.

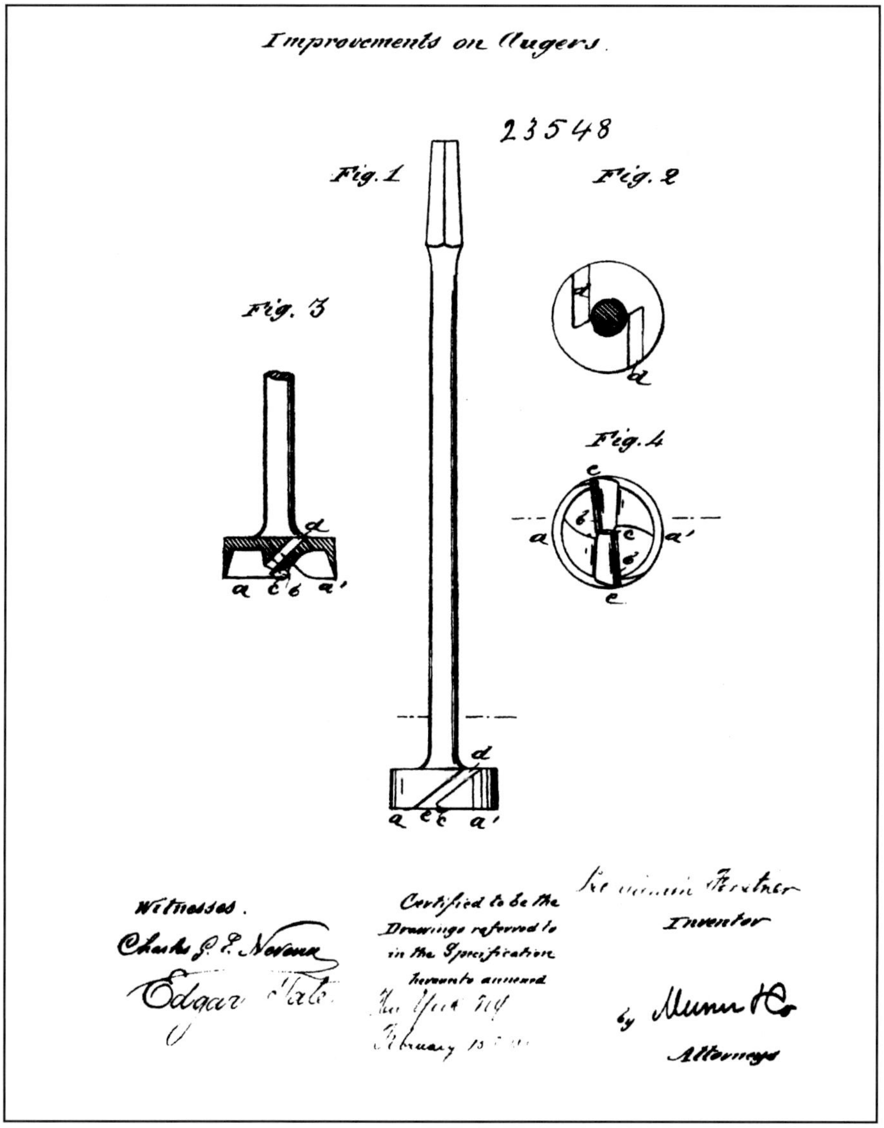

Wie diese originale Patentzeichnung von 1886 zeigt, war der Forstnerbohrer eine Revolution in der Bohrtechnologie seiner Zeit.

Sie können effektiver durch harte Hölzer schneiden und den Bohrer während der Arbeit kühler halten.

Wie beim Flachfräsbohrer bearbeitet man beim Schärfen eines Forstnerbohrers alle Schneidkanten. Dafür sind kleine, spitz zulaufende Diamantfeilen praktisch. Ich beginne mit dem Ausbessern der flachen Schneidkanten auf der Innenseite.

Als Nächstes können Sie Ihre Aufmerksamkeit dem äußeren Rand widmen. Verwenden Sie bei einem Forstnerbohrer mit Sägezähnen eine kleine Feile zum Bereinigen der Schneidkanten eines jeden Zahns.

Bei traditionellen Forstnerbohrern mit durchgehendem Rand verwende ich gern Feinbohrschleifer mit einem kegelförmigen Schleifstein. Um eine Beschädigung des Schafts zu vermeiden, den leicht in einen Schraubstock eingespannten Bohrer vorsichtig mit dem Feinbohrschleifer an der Innenseite rundherum polieren.

Der letzte Bereich, den es zu bearbeiten gilt, ist die flache Seite auf der Rückseite der schrägen Schneiden. Sie heben die Späne während des Bohrens aus dem Loch. Sie müssen hier nicht übertreiben. Ich achte nur gern darauf, dass an der Schneidkante keine Grate sind.

Das Erlernen des Schärfens von Bohrern ist eine Fähigkeit, die Ihnen Geld und Zeit in der Werkstatt sparen kann. Alles, was notwendig ist, sind ein bisschen Geduld, Übung und Durchhaltevermögen.

Forstnerbohrer gibt es in vielen Formen, aber sie alle bohren größere Löcher mit planen Unterseiten.

Denselben Fasenwinkel beibehalten und die schrägen Schneidkanten glattfeilen.

Eine kleine Feile ist das perfekte Werkzeug zum Schärfen eines jeden Zahns am Außenrand dieses Forstnerbohrers.

Verwenden Sie einen Feinbohrschleifer mit konischem Schleifstein zum Polieren der inneren Fase rund um den Rand eines Forstnerbohrers.

Stellen Sie sicher, dass es entlang der Schneidkanten keine Grate gibt, indem Sie ein paar Feilenstriche plan auf der Rückseite der Fase ausführen.

Über den Autor

Randall „Randy" Maxey ist Vollzeit-Autor, Redakteur und Holzbearbeiter in Vollzeit. Sein verstorbener Vater, Riley, war Holzbearbeiter und Heimwerker – und sein Vorbild, wenn es um den Grundsatz geht: „Mach es gleich beim ersten Mal richtig!"

Randall produziert Druck-, Web- und Videoinhalte für zahlreiche Werkzeughersteller sowie Veröffentlichungen zum Thema Holzbearbeitung. Weitere Bücher von ihm: *Grundlagen Holzbearbeitung, Gartenmöbel aus Holz* (beide erschienen im Leopold Stocker Verlag) und *Outdoor Woodworking Games* (erschienen bei GMC Publications).

Wenn er nicht in der Werkstatt ist oder emsig an der Tastatur sitzt, geht Randy gerne mit seiner Kamera auf Naturwanderwegen „auf die Jagd". Und ja, während der Weihnachtszeit spielt er den Weihnachtsmann.

Randy lebt mit seiner Frau Sheryl in Florida.

Danksagungen

Ich glaube, dass einige Menschen den falschen Eindruck haben, das Schreiben eines Buches sei eine simple Angelegenheit. Einfach hinsetzen, Wörter auf Seiten schreiben und zum Veröffentlichen abschicken. Nichts könnte weiter entfernt von der Wahrheit sein. Ein Buch zu schreiben ist ein immenser Zeitaufwand, in den viele Menschen involviert sind. Dieses Buch wäre nicht möglich gewesen ohne die Unterstützung und Beratung mehrerer Menschen.

Vor ein paar Jahren hat mich Alan Goodsell einberufen, um mit ihm gemeinsam zwei Bücher bei GMC Publications zu verfassen. Es ist eine Freude, mit ihm zu arbeiten, und er ist mir ein lieber Freund geworden. Ohne seine Ermunterungen und sein Wissen hätte dieses Buch nicht in die Tat umgesetzt werden können.

Es gibt viele Menschen bei GMC Publications, die maßgeblich dazu beigetragen haben, dieses Buch voranzubringen, also danke ich Jonathan Phillips, Jonathan Bailey, Dominique Page, Wendy McAngus und Emma Foster. Da sind noch viele andere hinter dem Vorhang, die dieses Buch realisiert haben.

Dann ist da meine Frau Sheryl. Sie fungierte als Hauptunterstützerin, Lektorin und Fotoassistentin. Danke, meine Liebe, dass du die Umwandlung deines Wohnzimmers in ein Lager und Fotostudio zugelassen hast. Ohne deine Liebe und emotionale Unterstützung wäre ich bereits vor langer Zeit gescheitert.

Ich danke Andrew Gibson dafür, dass er sich die Zeit genommen hat, einige Fotos für mich aufzunehmen. Du bist ein großartiger Freund. Danke, dass du sofort eingesprungen bist.

Viele Fotos wurden in der Florida School of Woodwork aufgenommen, wo ich auch in Teilzeit unterrichte. Mein Dank gilt Kate Swann dafür, dass sie mir kurzfristig erlaubt hat, während des Schreibens in ihren Raum einzufallen.

Ich spreche Scott und Vanessa Leonard meine Wertschätzung dafür aus, dass sie mir erlaubt haben, Fotos in ihrer bezaubernden Küche zu machen.

John Carmona hat mir einen Reichtum an Wissen und technischer Expertise zur Verfügung gestellt. John, ich danke dir für das Beantworten all meiner Fragen, deine Geduld und deine wertvollen Kommentare zu dem Text des Buchs.

Es gibt noch viele andere – zu viele, um sie namentlich zu nennen –, die meine Dankbarkeit verdienen.

Die folgenden Firmen haben dringend notwendige technische und produktbezogene Unterstützung geleistet:

Darex Drill Doctor
Darex.com

DMT
dmtsharp.com

Lee Valley Tools
leevalley.com

MPower Tools
mpower-tools.com

Rikon Power Tools
Rikontools.com

Rockler
rockler.com

Sharpening Supplies
SharpeningSupplies.com

Smith's Products
smithsproducts.com

Trend
Trend-usa.com
Trend-uk.com

Wixey
wixey.com

Woodcraft
woodcraft.com

Work Sharp
worksharptools.com